# DIE ÜBERLEBENSKÜNSTLER

## WIE TIERE SICH AN IHRE UMWELT ANPASSEN

NATIONAL GEOGRAPHIC

Alessandro Minelli • Maria Pia Mannucci

# DIE ÜBERLEBENSKÜNSTLER

## WIE TIERE SICH AN IHRE UMWELT ANPASSEN

# VORWORT

ALS ALICE DURCH DEN SPIEGEL GEHT, FINDET SIE SICH IN EINER WELT WIEDER, IN DER ALLE STÄNDIG IN BEWEGUNG SIND. «HIERZULANDE», ERKLÄRT IHR DIE ROTE KÖNIGIN, «MUSST DU SO SCHNELL RENNEN, WIE DU KANNST, WENN DU AM GLEICHEN FLECK BLEIBEN WILLST.» DIE WELT, IN DER WIR HEUTE LEBEN, IST DAS REICH DER ROTEN KÖNIGIN: EINE WELT, IN DER DIE EINZIGE ALTERNATIVE ZU EVOLUTION UND VERÄNDERUNG DAS AUSSTERBEN IST. EINE STÄNDIGE UND UNVERMEIDLICHE VERÄNDERUNG FÜR JEDE TIER- UND PFLANZENART, ABER AUCH FÜR DEN MENSCHEN.

Alle bedeutenden Evolutionslehren haben im Grunde das Konzept der universellen Verwandtschaft gemein, die alle Lebewesen verbindet. Ebenso existiert jedoch das Konzept der geschichtlichen Einzigartigkeit jeder einzelnen Art, deren Überleben von individuellen Problemlösungen im Hinblick auf den täglichen Kampf ums Überleben abhängt. Lösungen, die sich stets von jenen einer anderen Art, auch einer noch so eng verwandten, unterscheiden. Die tausendjährige Geschichte des Lebensbaums ist somit eine Geschichte des ständigen Wandels, der entlang jedes einzelnen seiner unzähligen Zweige stattfindet. Und jener Zweig, der zum Menschen führt, unterscheidet sich wiederum von allen anderen. Es geht hierbei nicht darum, Mensch und Tier einander gegenüberzustellen, sondern vielmehr darum, zu erkennen, dass jedes Tier, der Mensch eingeschlossen – und zugleich jede Pflanze –, innerhalb des Gefüges des großen Lebensbaums seine eigene Geschichte lebt. Die Geschichte der Lebewesen ist allerdings zu komplex, als dass sie sich in angemessener Weise mit Hilfe der traditionellen Metapher des Lebensbaums darstellen ließe. Einige Zweige, auch dicke, die nahe am Stamm sind, haben sich ineinander verzweigt, so dass wahre Chimären entstanden sind.

Goethe schrieb einst: «Jedes Lebendige ist kein Einzelnes, sondern eine Mehrheit, selbst insofern es uns als Individuum erscheint, bleibt es doch eine Versammlung von lebendigen selbständigen Wesen.» Vielleicht bloß eine tiefsinnige Annahme des Dichters, doch zugleich eine Vorahnung dessen, was die Evolutionslehre später beweisen sollte. Denn tatsächlich sind wir selbst Chimären. Jede der unzähligen Zellen, aus denen unser Körper besteht, ist eine Chimäre. Diese ist aus einer Zelle aus Urzeiten entstanden, in der durch Symbiose einst winzige unabhängige Organismen zusammengefügt wurden, die heute einfache Organellen innerhalb einer Zelle sind.

Chimären trotzen naturgemäß sämtlichen Klassifikationen. Sie stellen die Theorien über den Verlauf der Morphogenese, d. h. die Regeln, nach denen sich Lebensformen entwickeln, in Frage. Und nicht nur das – sie bringen auch jene rigiden Kategorien ins Wanken, nach denen wir für gewöhnlich die Tatsachen der realen Welt einteilen. Im Lauf der

Evolution sind nicht nur neue Arten wie der Mensch oder *Tyrannosaurus rex* oder neue Klassen wie Insekten, Fische oder Vögel aufgetreten, sondern es haben sich auch neue Formen der Entstehung von Arten und von Klassen gezeigt. Anders gesagt, nicht nur die Produkte der Evolution entwickeln sich weiter, sondern auch die Gesetze selbst, nach denen die Evolution erfolgt.

Von der biologischen Evolution wird immer so gesprochen, als ginge es dabei um die Frage nach den Ursprüngen. Wir sollten uns aber nicht einbilden, dass wir bereits zum Kern der Frage vorgedrungen sind, indem wir etwa herausgefunden haben, dass der früheste gemeinsame Vorfahre von Mensch und Schimpanse vor rund fünf Millionen Jahren gelebt hat. Zwischen diesem Vorfahren und dem heutigen Menschen liegt eine ununterbrochene Kette von Generationen, von denen jede mit der vorangegangen und der folgenden praktisch identisch ist. Es hat keinen konkreten Moment gegeben, in dem sich ein Teil der Nachfahren jenes prähistorischen Menschenaffen zum Mensch entwickelt hat. Ebenso wenig hat es einen bestimmten Augenblick gegeben, in dem andere Nachfahren dieses Menschenaffen sich zu den Schimpansen von heute entwickelt haben. Das Leben setzt sich entlang aller Zweige des großen Baums fort, und an jedem von ihnen verändert es sich in unablässiger, aber kaum bemerkbarer Weise. Streng genommen ist also der Ursprung aller Arten selbst ein Mythos, gerade wegen der genealogischen Kontinuität der Lebewesen. Wir können nicht in dem Glauben in die Evolutionsgeschichte zurückgehen, dass wir eine moderne Art wie den Menschen bis zu jenem Moment begleiten können, als er entstanden ist. Jedes Lebewesen verändert nämlich erst nach und nach seine Form und mitunter Natur. Eine Art ist nicht wie ein Fluss, der einer Quelle entspringt. Ein Schritt zurück und das Land ist trocken, ein Schritt talwärts und schon ist da ein Strom, der Richtung Meer fließt: Hier ist die Grenze eindeutig. Die Art ist nicht wie der Fluss, sondern vielmehr wie das Wasser, für das die Grenze zwischen Grundwasser und Quellbach unbestimmt und vielleicht auch unbedeutend ist. Wie das Wasser – ständig in Bewegung und ohne wirkliche Grenzen – ist auch jede Art, und wie das Wasser ist auch jedes Individuum.

Und so setzt sich der unentwegte Lauf jeder Art fort: ein Lauf gegen Hunger und Feinde, den Veränderungen der Umwelt trotzend. Ein Lauf mit dem Ziel der Fortpflanzung und Aufzucht der Nachkommen. Ein Lauf, der die Lebewesen letzten Endes dazu gebracht hat, jedes bewohnbare Fleckchen Erde zu besiedeln. Dieses Buch ist genau diesen Aspekten gewidmet.

# HUNGER ÜBERLEBEN

EIN BAMBUSHALM KANN INNERHALB VON DREI TAGEN UM EINEN METER WACHSEN. IN DERSELBEN ZEIT KANN DIE LARVE EINER FLIEGE IHRE WACHSTUMSPHASE BEENDEN UND SICH ZUM ÜBERTRITT INS ERWACHSENENSTADIUM VORBEREITEN. WENN DER BAMBUS UND DIE FLIEGENLARVE IN SO KURZER ZEIT DERART STARK WACHSEN, BEDEUTET DAS, DASS SIE IN DIESEM ZEITRAUM VIELE NEUE ZELLEN, VIEL NEUE LEBENDE MATERIE BILDEN KÖNNEN. UND DIESE MATERIE BESTEHT NEBEN WASSER UND ANDEREN KLEINEN MOLEKÜLEN VOR ALLEM AUS GROSSEN MOLEKÜLEN, DIE NUR LEBEWESEN (UND MODERNE TECHNOLOGIE) ZU SYNTHETISIEREN VERMÖGEN. GRUNDLEGENDE BEDINGUNG FÜR DAS WACHSTUM IST ALSO DAS VORHANDENSEIN VON KOHLENHYDRATEN, PROTEINEN, FETTEN – UND NATÜRLICH VON NUKLEINSÄUREN WIE DER DNA ODER ANDEREN SPEZIELLEN MOLEKÜLEN.

## ZIELGENAU

Die Jagd, egal ob mittels Verfolgung oder List, erfolgt stets entlang der Grenze zwischen zwei Welten. Die eine ist der Beute vertrauter, die andere dem Jäger. Der Erfolg des Jägers im täglichen Kampf ums Überleben hängt von seinem Vermögen ab, den Gegner in sein Territorium zu bringen und ihn etwa durch einen Überraschungsangriff zu überwältigen. Einer, der diese Taktik vorzüglich beherrscht, ist dieser kleine Fisch, der an den Mangroven gesäumten Küsten Südostasiens beheimatet ist. Sein perfekt gezielter Wasserstrahl wird Fliegen und anderen kleinen Insekten zum Verhängnis, die wahrscheinlich eher auf mögliche Gefahren von oben als von unten achten.

# Hunger

In dieser Hinsicht genießen die Pflanzen eine Autonomie, die den Tieren fehlt. Für sie reicht das im Moment reichlich vorhandene Sonnenlicht als Energiequelle: Energie, die sie dazu verwenden, die Atome der kleinen anorganischen Moleküle miteinander zu verbinden und daraus in erster Linie Kohlenhydrate, aber auch andere organische Moleküle zu produzieren. Eine solche Autonomie genießen weder Pilze noch Tiere, die für ihre lebensnotwendigen Prozesse ausschließlich die Energie nutzen können, die in den Bindungen zwischen den Atomen der organischen Moleküle vorhanden ist.

Für das Tier bedeutet dies, dass es sich von Pflanzen oder anderen Tieren bzw. deren Überresten ernähren muss. Dies setzt natürlich voraus, dass die Suche nach Nahrung von Erfolg gekrönt ist. Denn diese Suche stellt für jedes Tier eine lebenslange Herausforderung dar – den Kampf ums Überleben, der zumindest so lange dauert, bis das Tier in der Lage ist, sich fortzupflanzen.

Besonders groß ist der Nahrungsbedarf im Jugend- oder Larvenstadium, wenn das Tier stark wächst. Auch bei erwachsenen Tieren ist der Nahrungsbedarf von Zeit zu Zeit gesteigert, etwa wenn Weibchen brüten, trächtig sind oder säugen. Die Ernährung ist aber nicht nur in diesen kritischen Phasen von Bedeutung, denn der Organismus verbraucht ununterbrochen Energie, selbst wenn er ruht: Besonders Atmung, Herzschlag und Gehirntätigkeit erfordern Energie, und davon nicht gerade wenig.

Gerade wegen dieses langsamen, aber unvermeidlichen Energieabbaus erscheinen jene Arten, die lange Phasen des Fastens durchhalten können, außergewöhnlich. So kommt zum Beispiel ein Siebenschläfer während seines Winterschlafs monatelang ohne einen Happen Nahrung aus. Dies kann er nur deshalb, weil er in den Monaten zuvor reichlich geschlemmt und dadurch einige Fettreserven angelegt hat. Noch außergewöhnlicher ist die Fähigkeit der Zugvögel, tagelang ohne Nahrung zu überleben. Auch sie können auf Fettreserven zurückgreifen, doch kommen in ihrem Fall noch die Strapazen einer Tausende Kilometer langen Reise hinzu. In dieser Zeit können sie zwar Zwischenstopps einlegen, allerdings können sie sich nicht darauf verlassen, dass sie immer Futter finden werden.

Und als ob dies allein nicht schon genug wäre, gehören gerade kleine Vögel zu jenen Tieren, die zum Überleben am meisten Nahrung aufnehmen müssen. Sie besitzen nämlich eine hohe Körpertemperatur (ein paar Grad höher als unsere), und ein kleiner Körper, auch wenn dieser mit Federn und Daunen bedeckt ist, verliert leichter Wärme. Deshalb bevorzugen die ganz kleinen Vögel Kalorienbomben wie Kerne oder Insekten.

Um den Hunger stillen zu können, ist es aber zunächst einmal notwendig, die zukünftige (oder potenzielle) Nahrungsquelle ausfindig zu machen. Dies gilt jedoch nur für aktive und mobile Tiere wie Raubvögel, die von der Luft aus ihr Jagdrevier erkunden, oder Bienen, die eine Blume nach der anderen nach Pollen bzw. Nektar absuchen.

Viele Tiere bewegen sich jedoch kaum und können sich deshalb auch nicht auf Nahrungssuche begeben. In dieser Hinsicht ist ihre Situation mit jener der Pflanzen vergleichbar, deren Schicksal von den Bedingungen des Ortes abhängt, an dem sie gedeihen: vom Vorhandensein von Wasser in der Erde, von der Intensität des Sonnenlichts, das sie über den Tag bzw. das Jahr hinweg erreicht, sowie von der Lufttemperatur und der Konkurrenz mit den umliegenden Pflanzen.

Ebenso unbeweglich wie Pflanzen sind viele Meerestiere, etwa Schwämme oder Austern. Ihnen liefert das Wasser die Nahrung frei Haus. Im Wasser findet sich nämlich eine unglaubliche Vielzahl winziger Organismen, Bakterien und einzelliger Algen sowie Eier und Larven verschiedener Tiere. Hinzu kommt eine Menge verschiedenster organischer Partikel, eine willkommene Nahrungsquelle für jene Tiere, die so etwas aus dem Wasser filtern können. Wenn ein Tier wie die Auster zudem über einen Mund und ein Verdauungsorgan verfügt, kann es die gesammelten Stoffe aufnehmen und später wieder ausscheiden. Doch die primitivsten Tiere wie Schwämme haben weder einen Mund noch ein Verdauungsorgan. Die einzelnen Zellen dieser Tiere nehmen Nahrungspartikel und kleinere Zellen auf und verdauen diese, wie es etwa bei Amöben oder anderen Protozoen geschieht. Mundöffnung und Verdauungsorgan sind die Voraussetzung dafür, dass sich ein Tier von größeren Beutetieren ernähren kann.

Im Meer kann ein Tier überleben, indem es Wasser filtert, an Land würde ein Tier, das imstande wäre, Luft zu filtern, hingegen sofort verhungern: Die winzigen Mengen an Sporen und Pollen würden nicht reichen, um seinen Hunger zu stillen. Die einzigen Landtiere, deren Jagdmethode ein wenig jener der zuvor erwähnten Wassertiere ähnelt, sind die Spinnen. Ganze Tage verbringen sie in unbewegtem Zustand und warten darauf, dass sich ein Opfer in den klebrigen Fäden ihres Netzes verfängt. Auf ihrem Speiseplan stehen jedoch nicht kleine Partikel, sondern, wie bei allen echten Prädatoren, größere Beutetiere. Unter den Spinnen gibt es solche, die auf der Lauer liegen und ihre Netze einsetzen, und solche, die keine Netze errichten, sondern umherwandern und sich wie eine Raubkatze oder ein Raubvogel auf ihre Beute stürzen.

Unter den Lauerjägern ist der Ameisenlöwe wohl eine der außergewöhnlichsten Arten. Er versteckt sich am Grund eines in den Sand gegrabenen Trichters, nur die Augen und die langen, geschwungenen Mundwerkzeuge sind an der Oberfläche. Sobald er eine Ameise oder ein anderes kleines Insekt wahrnimmt, das sich dem Rand des Kraters nähert oder durch den Trichter auf den Grund rutscht, bewirft er es mit Sand und verhindert so dessen Flucht. Dann packt er sein Opfer blitzschnell mit den Kieferzangen und injiziert ihm ein Sekret, das reich an Verdauungsenzymen ist. Nach kurzer Zeit wird das Innere des Opfers zu einem Brei, den der Ameisenlöwe schließlich aus dem Opfer saugt. Seine Mahlzeit besteht somit aus einem vorverdauten Brei, einem Konzentrat aus nützlichen Molekülen, bei dem kaum Abfallstoffe anfallen. Der Ameisenlöwe muss während seines gesamten Larvendaseins den Verdauungstrakt nicht entleeren. Er könnte es auch gar nicht, da das Verdauungsorgan einem Blinddarm ähnelt. Erst im Erwachsenenstadium öffnet er sich. Bis dahin also erspart sich die Larve diese Unannehmlichkeiten und kann am Grund des Trichters verweilen.

Viele Lauerjäger ziehen ihre Beute mit Hilfe von Täuschungsmanövern an. So etwa der Seeteufel, über dessen riesigem Maul eine Art Angel mit Köder prangt. Auch die Weibchen einiger Leuchtkäfer greifen zu einem Trick: Mit ihren Lichtzeichen locken sie nicht nur Männchen der eigenen Art an, sondern auch Männchen verwandter Arten, die somit das Risiko eingehen, statt auf eine potenzielle Partnerin auf eine hungrige Gegnerin zu treffen.

In diesem Fall sind Jäger und Beute verwandt und haben abgesehen von der List ähnliche Waffen für Angriff und Verteidigung. Viel öfter jedoch ist der Angreifer seinem Opfer, was Kraft, Krallen, Zähne oder andere Waffen anbelangt, weitaus überlegen. Doch muss dies nicht immer so sein. Zu den Prädatoren zählen zum Beispiel auch so fragil aussehende Tiere wie die Quallen, denen jedoch selbst kleine Fische zum Opfer fallen können. In diesem Fall wird die Zartheit des Jägers dadurch wettgemacht, dass er über eine Methode verfügt, die den Gegner binnen Sekunden zur Strecke bringt. Entlang der Tentakel der Qualle befinden sich nämlich zahlreiche Nesselzellen, die beim geringsten Kontakt mit der Beute ihre langen Nesselschläuche nach außen stülpen. Die Nesselzellen sondern ein starkes Gift ab, das die Beute unverzüglich lähmt. Sodann beginnt die Qualle mit der Verdauung.

Ob die Beute nun durch List oder Verfolgung gefasst wird, das Ende ist dasselbe: Das Opfer wird getötet und in Folge verzehrt – mitunter nicht zur Gänze, so dass auch noch andere Tiere, etwa Aasfresser, davon zehren können.

Nicht immer ist es jedoch notwendig, das Opfer zur Strecke zu bringen. Welches Interesse sollten Zecken, Blutegel oder Stechmücken haben, das Säugetier zu töten, dessen Blut sie eben gesaugt haben? Welchen Vorteil hätten der Bandwurm oder der Malariaerreger davon, das Leben ihres Wirtes in Gefahr zu bringen?

Die Strategie des Parasiten ist jener des Prädators also genau entgegengesetzt. Letzterer tötet und beginnt dann zu fressen. Nach dem heute Erbeuteten wird es neue Tiere geben, die in die Klauen des Jägers gelangen oder einer List zum Opfer fallen. Doch für den Parasiten bedeutet der Tod des Opfers, dass er sich einen neuen Wirt suchen muss. Und das kann sehr schwierig sein, vor allem wenn der Parasit keine Flügel wie die Stechmücke oder keine Beine wie die Zecke besitzt, sondern ein bewegungsunfähiger Wurm wie der Bandwurm ist oder gar eine einfache Zelle wie der Malariaerreger, der im Inneren seines Wirts gefangen ist. Der Parasit beutet also seinen Wirt besser mit einer gewissen Diskretion aus, ohne dessen Chance auf Überleben allzu sehr zu beschränken. Um einen neuen Wirt zu finden, bedarf es sehr oft der Hilfe eines Überträgers – zum Beispiel der Anopheles-Mücke, die den Malariaerreger von einem Menschen auf den anderen überträgt.

Somit ist es wahrscheinlich, dass ein Parasit seinen Wirt nur teilweise ausbeutet und auch weniger sorgfältig als ein Prädator, der nur etwas Fleisch an den Knochen der zurückgelassenen Beute lässt. Es gibt aber auch den vollkommenen Parasiten, eine tickende Zeitbombe, der sich sein Opfer nach und nach einverleibt und es erst dann tötet, wenn er keinen Nutzen mehr aus ihm ziehen kann.

Dies ist die Überlebensstrategie vieler kleiner Wespen, deren Larven sich auf Kosten der Larven anderer Insekten entwickeln. Die Mutterwespe legt ihre Eier auf diesen Opfern ab, eine oder mehrere pro Wirt. Die Larven, die sich aus diesen Eiern entwickeln, ernähren sich in erster Linie von den weniger lebensnotwenigen Teilen des Wirts, so dass sich dieser, zum Vorteil der Parasiten, weiter ernähren und wachsen kann. Ihre Lebenswege trennen sich in dem Moment, in dem die Larven des Parasiten ausgewachsen sind, sich verpuppen und ihre Metamorphose vollziehen. Vom Opfer hingegen ist mittlerweile nicht mehr als eine sterbliche Hülle übrig.

Weniger spektakulär geht es bei jenen Tieren zu, die sich von Pflanzen statt von anderen Tieren ernähren. Vorausgesetzt natürlich, es handelt sich nicht um jene Verwüstungen, die bestimmte Insekten auf den Feldern und in den Getreidespeichern anrichten. Bei pflanzenfressenden Tieren gestaltet sich die Nahrungssuche oft nicht minder schwierig als bei Raubtieren oder Parasiten. Ein primäres Problem stellt der geringe Nährwert vieler Pflanzenteile wie Blätter dar, ganz zu schweigen von Stamm oder Wurzeln. Deshalb müssen Pflanzenfresser viel größere Mengen verzehren: Das kann – auch dort, wo keine Nahrungsnot herrscht – bedeuten, dass sie lange auf Weiden verweilen müssen und so möglichen Feinden ausgesetzt sind. Dieses Problem haben die Insektenlarven nicht, die sich ihre Gänge im Holz graben. Im Gegenzug dazu müssen sie sich aber mit einem Mahl von geringer Qualität begnügen, das zudem schwer zu kauen ist. Darüber hinaus kann sich die Larve vor Vollendung ihrer Metamorphose nicht auf die Suche nach einem besseren Stamm begeben: Sie ist im wahrsten Sinn des Wortes Gefangene jener Pflanze, auf der ihre Mutter ihr Ei abgelegt hat.

Weitaus nahrhafter ist dagegen das Fleisch von Früchten. Deren Nährwert wird nur von Pollen und Samen übertroffen, die jedoch nur in beschränktem Maß und nicht immer zur Verfügung stehen. Sich auf diese als einzige Nahrungsquelle zu beschränken, erfordert eine komplexe Reihe von Anpassungen. Dazu gehört die Entwicklung von Mundwerkzeugen wie etwa jene der Bienen oder Schmetterlinge. Oder auch die Möglichkeit, den richtigen Moment abzuwarten, um ein Ei innerhalb des Fruchtknotens einer Blume zu platzieren. Somit stehen der zukünftigen Larve nämlich ein oder mehrere Samen zur Verfügung, die sie mit den notwendigen Proteinen, Kohlenhydraten und Fetten versorgen. Nur dumm gelaufen, wenn man die falsche Pflanze oder gar den falschen Zeitpunkt für die Ablage wählt.

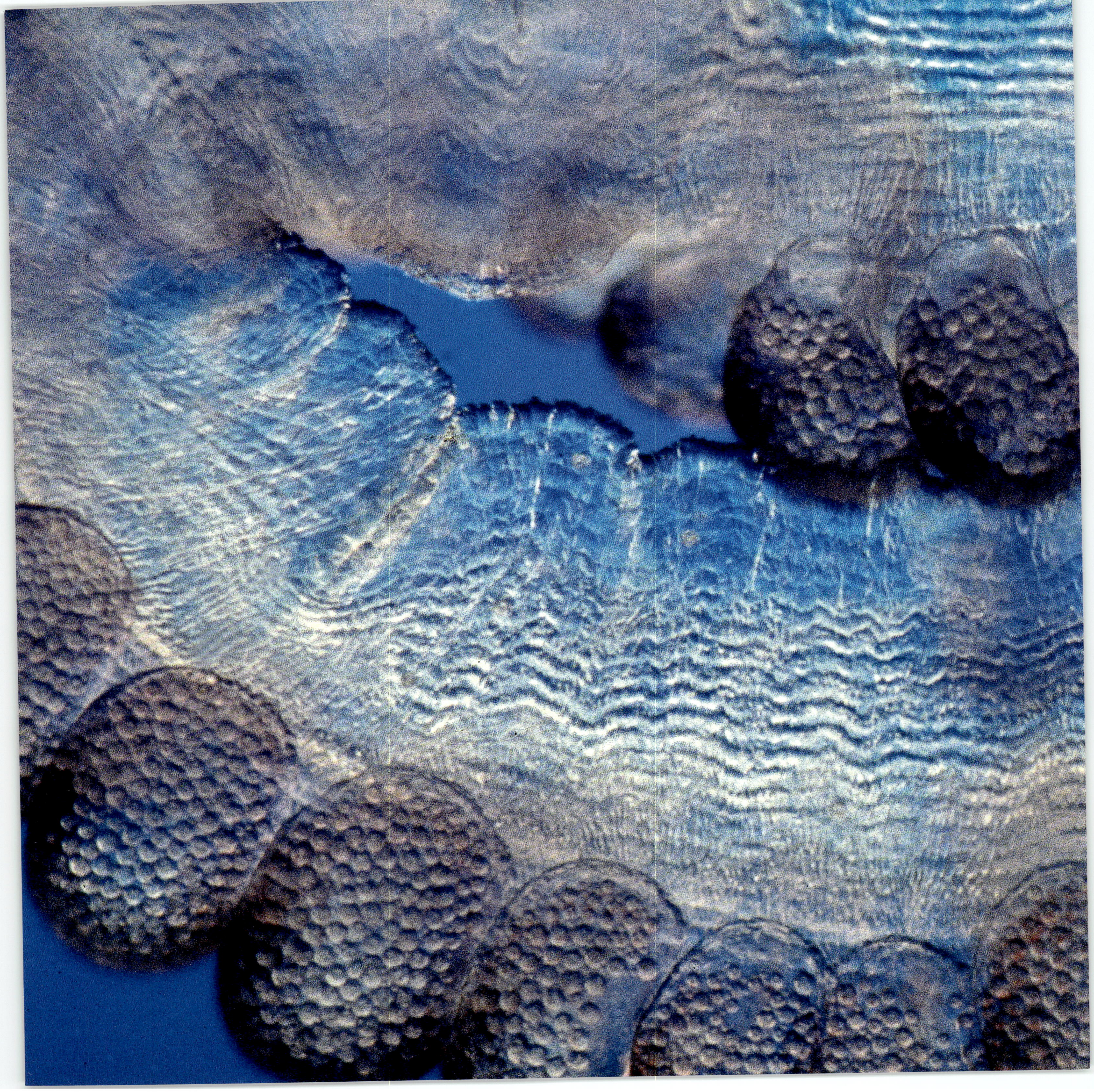

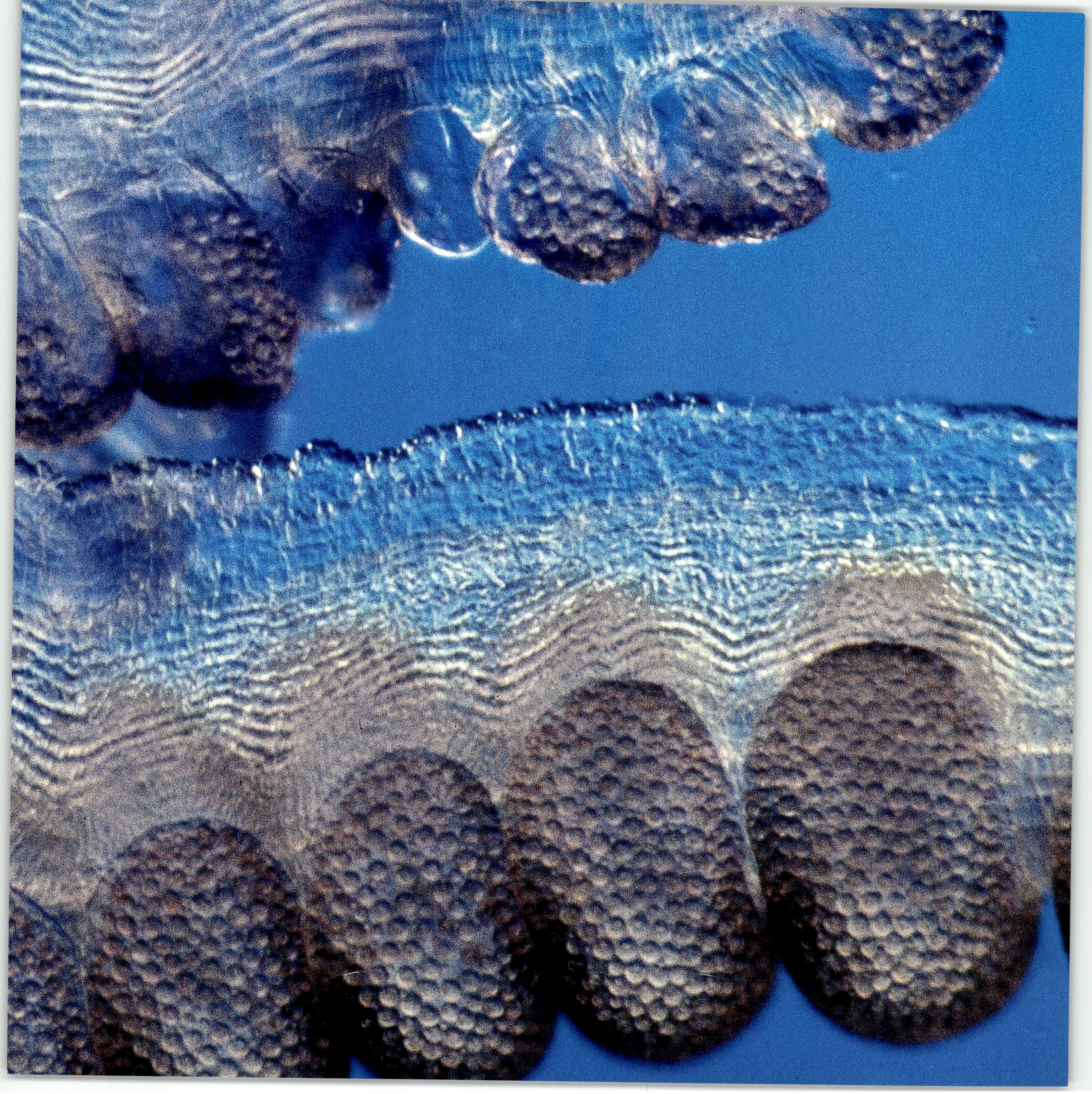

## TÖDLICHES GELEE

Dank einer großen Gasblase treibt die Portugiesische Galeere auf der Wasseroberfläche und wird von Wellen und der Strömung verdriftet. So harmlos diese Staatsqualle auch anmutet, ist sie in Wirklichkeit ein gefährliches Wesen, das sich beim Beutefang ganz auf den Zufall verlässt. So wartet sie ab, bis ein unvorsichtiger Fisch des Weges kommt, den sie mit ihren langen Tentakeln fassen kann. An ihnen befinden sich Nesselzellen, deren Gift das Opfer augenblicklich lähmt.

## AUF ZUR JAGD

Ein Raubtier hat zwei Hauptstrategien: List oder Verfolgung. Im Laufe ihres Lebens bedient sich die Libelle beider Strategien. In ihrer Jugend, die sie in Teichen oder Flüssen verbringt, legt sie sich auf die Lauer und schnappt blitzartig mit ihren greifarmartigen Mundwerkzeugen nach glücklosen Opfern – Insektenlarven, Krustentieren oder Kaulquappen. Im Erwachsenenalter und mittlerweile mit Flügeln ausgestattet, macht sie hingegen Jagd auf andere Insekten, die sie mit großer Geschwindigkeit verfolgt, nachdem sie ihre Opfer dank riesiger Augen bereits aus der Entfernung erspäht hat.

## INKOGNITO

Nicht nur für Beutetiere ist eine perfekte Tarnung, die ihre Überlebenschancen erhöht, wichtig. Auch für den Jäger ist es von Vorteil, wenn er nicht sofort erkennbar ist. Selbst dann, wenn er eigentlich so bewaffnet ist, dass er keinen Angriff eines Feindes fürchten muss. Ein Feind ist allerdings der Hunger. Um diesen zu stillen, muss der Jäger bis zum Abend irgendein Opfer in seine Fänge bekommen. Und die Chancen darauf steigen, wenn er unbemerkt auf der Lauer liegen kann. Dies ist etwa bei den zahlreichen Krabbenspinnen der Fall, die zwischen den Blüten einer Blume unbeweglich auf ihre Beute warten: rot auf roten Blumen, weiß auf weißen und gelb auf gelben.

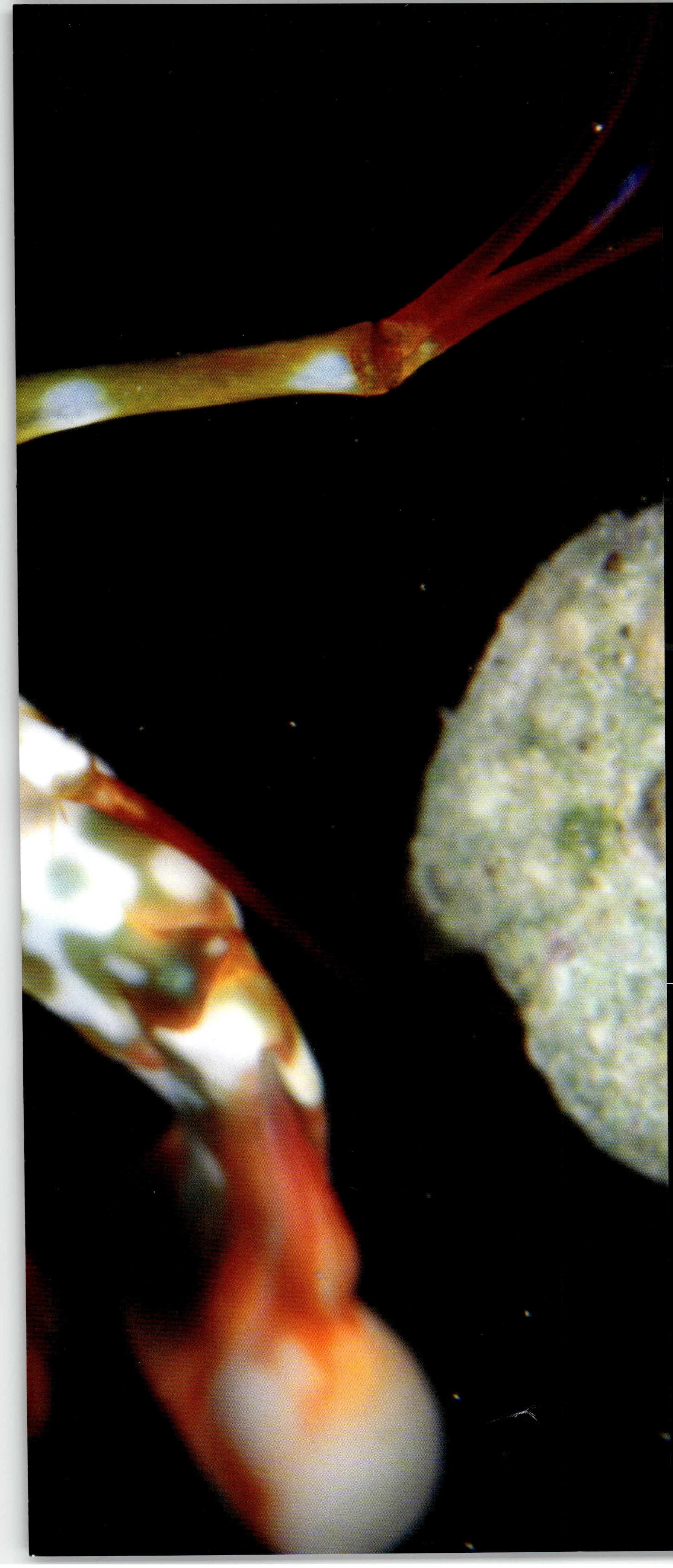

## AUGE UM AUGE

Für einen Jäger, der geduldig auf der Lauer liegt, ist ein mögliches Beutetier, so schnell es aufgetaucht ist, auch gleich wieder verschwunden. Um nicht leer auszugehen, muss der Jäger daher mit hochentwickelten Sinnesorganen ausgestattet sein, die im besten Fall jene seines Opfers übertreffen. Die großen, auf Stielen sitzenden Komplexaugen der Fangschreckenkrebse sind die perfekte Ergänzung zu ihren mit Scheren bestückten Armen, die die Beute kräftig anpacken können.

## GROSSMAUL

Muskelkraft und Wendigkeit sind eine unerlässliche Voraussetzung für Jäger, die ihre Beute verfolgen – wie etwa für den Orca, auf dessen Speisekarte Robben, Delphine und große Fische stehen. Der Jäger muss aber auch in der Lage sein, die Beute im Bruchteil einer Sekunde zu packen und dessen Befreiungsversuchen um jeden Preis zu trotzen. Einem Meeressäugetier, dessen vordere Extremitäten zu Flossen ohne freie Finger oder Krallen umgestaltet sind, bleibt demnach nichts anderes übrig, als die Beute festzuhalten und mit Hilfe seiner spitzen Zähne und seines starken Kiefers zu zerreißen.

## DER HERR DER FLÜSSE

Einer Volksweisheit zufolge frisst der große Fisch den kleinen auf. Obwohl dies nicht immer die Regel ist, trifft es dennoch sehr oft zu. Zum Teil erklärt es sich dadurch, dass der Angreifer über ausreichend Muskelkraft oder andere probate Mittel verfügt, um die Beute zu überwältigen. Die Verfolgung von zu kleiner Beute kann jedoch einen zu hohen Aufwand an Energie und Zeit darstellen. Deshalb stellt das Raubtier im Laufe seines Lebens oftmals seinen Nahrungsplan um und wählt jedes Mal entsprechend seiner Körpergröße eine andere Beute.

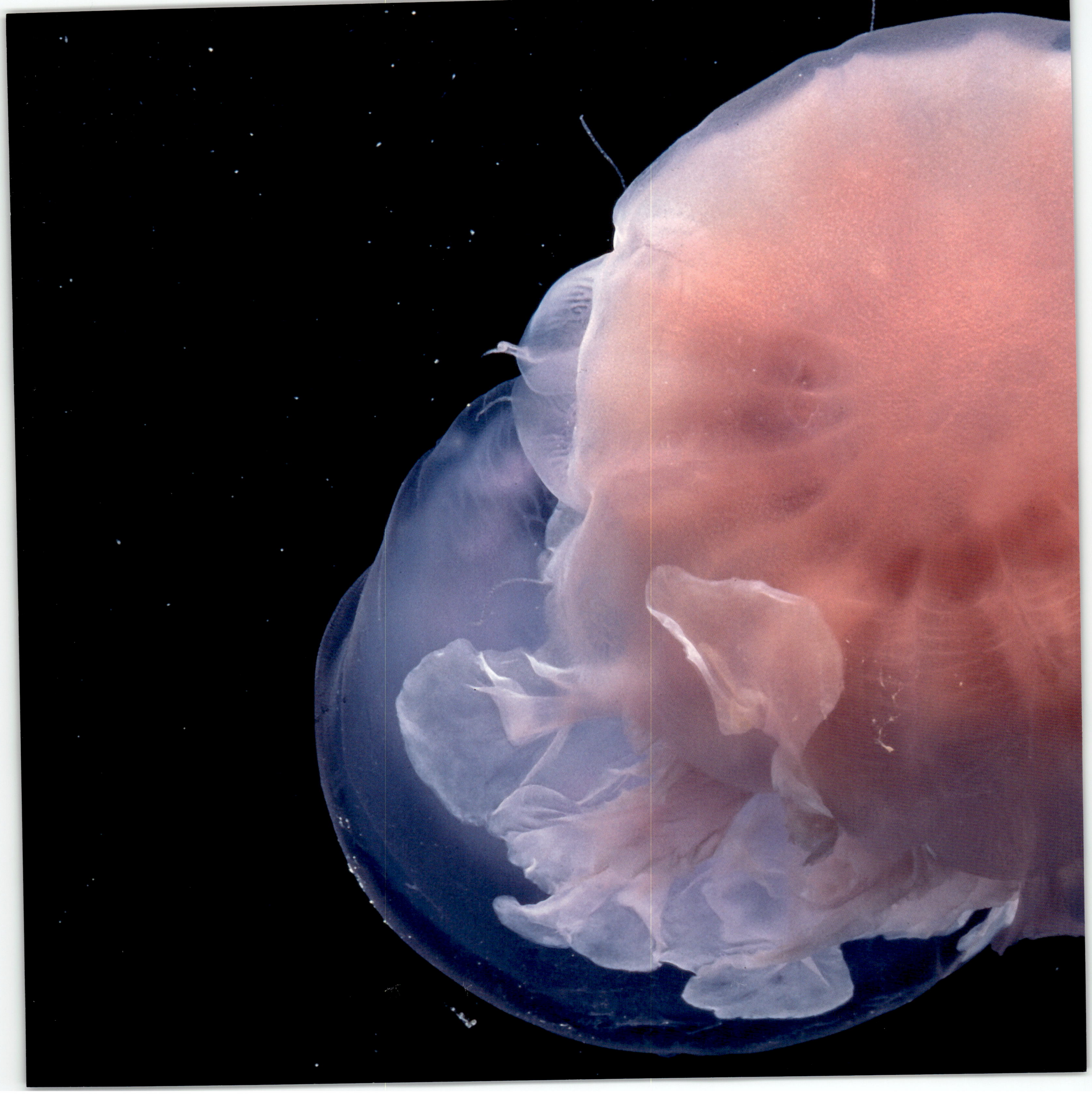

## VORSICHT GIFTIG

Zwar besteht der Körper jedes Tiers zum größten Teil aus Wasser, doch bei Quallen ist der Wasseranteil mit bis zu 98 Prozent besonders hoch. So transparent und zart sie auch anmuten, leben Quallen doch vorwiegend von Beutetieren. Ihre Waffe, gallertartig wie der Rest des Körpers, sind die Tentakel, die mit Nesselzellen bestückt sind. Diese bekommt jeder, der es wagt oder das Pech hat, sie zu berühren, sogleich zu spüren. Bei einem kleinen Fisch führt der Kontakt mit den Tentakeln einer Qualle zur sofortigen Lähmung. Anschließend beginnt die Qualle sich ihn einzuverleiben.

HUNG

## MUNDGERECHTER HAPPEN

Es kommt nicht selten vor, dass der Durchmesser der Beute einer Schlange größer ist als sie selbst. Vor allem, wenn diese einen so schlanken Körper aufweist wie baumbewohnende Schlangen. Den Magen für den großen Happen zu dehnen, bereitet wahrscheinlich noch keine so großen Schwierigkeiten. Doch zuerst einmal muss er dorthin gelangen. Dieses Problem wäre unüberwindbar, hätte das Tier so festsitzende Kiefer wie die Säugetiere. Die Kiefer einer Schlange sind jedoch beweglich und nicht miteinander verwachsen, so dass das Maul sehr weit geöffnet werden kann.

## IM SCHUTZ DER DUNKELHEIT

Für viele kleine Tiere bietet die Nachtaktivität einen doppelten Vorteil: Nachts ist die Luft frischer und feuchter, und vor allem wird man weniger leicht gesehen. Dennoch sollte man sich im Schutz der Dunkelheit nicht zu sehr in Sicherheit wiegen: Es gibt nämlich viele Raubtiere, die sich diese Vorteile ebenso zunutze machen. Hinzu kommt, dass das Jagdrevier in der Nacht weniger umkämpft ist als bei Tag. Unter den Eidechsen finden sich zahlreiche Nachtjäger, vor allem in der Familie der Geckos.

## TELESKOPZUNGE

Einige Jahrtausende technischen Fortschritts haben dem Menschen ein riesiges Arsenal an Werkzeugen gebracht, von denen viele sozusagen als Prothesen unseres Körpers angesehen werden können. Man muss hier nicht einmal die neuen, hochentwickelten Elektronikgeräte bemühen. Man denke bloß an die Vorteile, die uns eine Gabel, eine Schere oder ein Korb bieten. Für ein langsames und scheues Tier wie das Chamäleon ist die extrem lange Zunge eine Art Prothese, die es ihm erlaubt, Insekten zu fangen und diese sofort zum Mund zu führen, ohne sich dabei rühren zu müssen.

## TÖDLICHE UMARMUNG

Das Fressverhalten des Python ist kraftraubend, nicht nur aufgrund der Muskelanstrengung, die sein tödlicher Würgegriff erfordert, sondern auch aufgrund der schwierigen Aufgabe, eine so große Beute zu verdauen. Nun kommen alle Organe der Schlange zum Einsatz, selbst das Herz, dessen Muskelmasse mit der Produktion neuen Gewebes vorübergehend zunimmt. Einige Tage später, wenn sich der Python ein wenig entspannen kann, bevor er wieder auf Beutefang geht, nimmt auch sein Herz wieder normale Ausmaße an.

## HIGH-TECH-GERÄT

Auf ihren nächtlichen Beutezügen nutzen die Fledermäuse ein Echoortungssystem ähnlich den vom Menschen entwickelten Sonargeräten. Während des Fluges stoßen sie ununterbrochen Rufe aus, die unsere Ohren kaum wahrnehmen können. Fledermäuse können die von den Objekten in der Umgebung zurückgesandten Echos aus weiter Entfernung empfangen. Somit erkennen sie sowohl Hindernisse als auch umherfliegende Insekten, auf die sie sich sofort mit aufgerissenem Maul zubewegen.

# Hunger

## UNERSÄTTLICH

Vögel weisen eine um ein paar Grade höhere Körpertemperatur als Menschen und andere Säugetiere auf. Um diese konstant zu halten, müssen sie täglich eine beachtliche Menge an Kalorien zu sich nehmen. Daher sind sie fast ununterbrochen auf Futtersuche. Generell ernähren sie sich von sehr energiereicher Kost wie Samen oder kleinen Insekten. Der Nahrungsbedarf ist bei kleineren Vögeln besonders hoch, da sie viel schneller Wärme verlieren.

## WIE DER BLITZ

Die ältesten Vogelarten besaßen noch Kiefer mit Zähnen, wie die Reptilien, aus denen sie sich entwickelt hatten. Bei keinem der heute existierenden Vögel sind jedoch Spuren davon erhalten geblieben. Vögel nehmen ihre Nahrung mit einem Hornschnabel auf und müssen sie bei Bedarf zerkleinern. Die Form des Schnabels variiert von Art zu Art und gibt so Aufschluss über die jeweils bevorzugte Nahrung.

HUNGE

## WIE WÄR'S MIT FISCH?

Meist ist es der Überraschungsangriff eines Fischadlers oder Riesenseeadlers oder auch eines Bären, der dem Fisch zum Verhängnis wird. Seine Sinnesorgane nützen ihm kaum etwas, wenn der Feind aus der Luft statt aus dem Wasser angreift. Für den Räuber hingegen erschließt sich dank dieses Grenzganges ein riesiges Jagdrevier – mit ein wenig Geschick, versteht sich.

HUNG

## FRISCH AUS DEM MEER

Nur wenig oder gar kein Futter bieten die schroffen Felsklippen am Meer. Dennoch tummeln sich hier zur Brutzeit unzählige Möwen, Tölpel und Papageitaucher in größeren Kolonien. Sie können sich aus dem reichhaltigen Nahrungsangebot an Fischen, Krebstieren und anderen Meerestieren bedienen, die die kalten Gewässer der arktischen Meere bewohnen. Paradoxerweise müssen sich die Vögel, um an Land überleben zu können, jeden Tag für einen kurzen Tauchgang ins Wasser begeben.

# Hunger

## VORSORGE IST BESSER ALS NACHSORGE

In kalten oder gemäßigten Gebieten gibt es Phasen im Jahr, in denen Nahrung nur spärlich oder überhaupt nicht vorhanden ist. Dies ist oft ausgerechnet dann der Fall, wenn die Temperaturen am niedrigsten sind und ein Warmblüter mehr Nahrung zu sich nehmen muss, um aktiv bleiben und die verlorene Wärme ausgleichen zu können. Als Alternative dazu kann man sich in der kalten Jahreszeit völlig zur Ruhe begeben oder in andere Länder ziehen, in denen das Klima behaglicher ist. In beiden Fällen ist es aber notwendig, Reserven anzulegen, um während des Schlafes oder der Wanderung überleben zu können. Deshalb fressen viele Tiere in der warmen Jahreszeit mehr, als sie eigentlich benötigen.

## ES IST ANGERICHTET, EURE HOHEIT

Der größte Vorteil des langen Halses der Giraffe besteht darin, mit seiner Hilfe die Baumkronen der in den afrikanischen Savannen spärlich gedeihenden Akazien abweiden zu können. In der Trockenzeit ist die gesamte Grasvegetation der Umgebung völlig verödet. Dann sind die grünen Blätter der Bäume ein paar Monate lang ein willkommener Ausweg aus der Nahrungsnot. Natürlich vorausgesetzt, dass die Giraffen sie finden.

## GEMEINSAM SCHMECKT'S BESSER

Nicht viele Raubtiere leben in der Gruppe, um sich dadurch die Mühen der Jagd zu teilen und danach die Beute gemeinsam zu vertilgen. Tiger und Leopard, Adler und Falke sowie Libelle oder Fledermaus – sie alle gehen allein auf Beutefang. Doch es gibt auch Ausnahmen wie etwa die Wölfe oder gelegentlich Geparde. Auch die Löwen – genauer gesagt die Löwinnen – jagen häufig in der Gruppe und teilen dann die Beute nach der Rangordnung.

# DURCH LIEBE ÜBERLEBEN

BEI ORGANISMEN, DEREN KÖRPER AUS EINER EINZIGEN ZELLE BESTEHT, WIE ZUM BEISPIEL BAKTERIEN ODER AMÖBEN, WIRD DER FORTBESTAND DER ART DURCH JENE PRÄZISION GESICHERT, MIT DER DIE ZELLTEILUNG STATTFINDET. JEDE ZELLE MIT GÜNSTIGEN STOFFWECHSELEIGENSCHAFTEN KANN ZWEI KOPIEN IHRER SELBST ERZEUGEN, WOBEI SIE JEDER IHRER TOCHTERZELLEN EINE VOLLSTÄNDIGE KOPIE IHRER GENE SOWIE EINEN KOMPLETTEN SATZ AN MOLEKÜLEN UND ORGANELLEN VERERBT. DIE NEUEN ZELLEN KÖNNEN SOFORT EIN NORMALES DASEIN FÜHREN – BIS ZU JENEM ZEITPUNKT, AN DEM ES AUCH FÜR SIE HEISST, SICH ZU TEILEN. VORAUSGESETZT NATÜRLICH, ES GELINGT IHNEN, BIS ZUR TEILUNG ZU ÜBERLEBEN – NICHT ERBEUTET ZU WERDEN, NICHT AUSZUTROCKNEN ODER AUS ANDEREN URSACHEN ZUGRUNDE ZU GEHEN.

## MILCH

Im Gegensatz zu vielen anderen Tieren, bei denen jedes Weibchen Tausende oder sogar Millionen von Eiern produziert, bringen Säugetierweibchen viel weniger Nachkommen zur Welt. Bereits die Trächtigkeit bedeutet eine höhere Anstrengung. Die Jungtiere erhalten viel mehr Fürsorge – oft auch von Seiten der Männchen –, die sich nicht auf die Säugezeit beschränkt, sondern bis zur Entwöhnung und sogar die Zeit darüber hinaus andauern kann.

Abgesehen von den genannten Faktoren ist eine Zelle praktisch unsterblich. Geht man davon aus, dass sie ihre Individualität verliert, sobald sie sich teilt, um zwei Tochterzellen zu bilden, so trifft es auch zu, dass während dieses Prozesses nichts von ihr stirbt oder verloren geht. Die Mutterzelle lebt somit abgesehen von ihrer Individualität vollständig in den beiden Tochterzellen weiter.

Die Zellteilung scheint daher ausreichend, um zukünftiges Leben und die ständige Produktion neuer Individuen zu sichern, die jene ersetzen, die täglich wieder von der Erdoberfläche verschwinden. Doch sieht die Realität, in der wir leben, weitaus komplexer aus.

Viele Jahrtausende lang bestanden die ersten Lebensformen auf unserem Planeten ausschließlich aus Einzellern, aber vor etwa einer Milliarde Jahren gesellten sich die ersten Organismen hinzu, die aus mehreren Zellen bestanden – Pflanzen, Pilze und Tiere.

Um einen mehrzelligen Organismus zum Leben zu erwecken, gibt es zwei verschiedene Möglichkeiten. Eine davon ist die zeitweilige oder andauernde Aggregation von Zellen, die zuvor ein unabhängiges Leben führten. Doch dies birgt Risiken, da sich unter den Mitgliedern dieses Verbands möglicherweise Zellen befinden, die andere Zellen manipulieren, um ihre eigene Nachkommenschaft auf Kosten der zukünftigen Reproduktivität der anderen Zellen zu sichern. Kein Wunder also, dass diese Methode nur von einer besonderen Art von Amöben praktiziert wird, die sich in Notzeiten miteinander verbinden, um eine Art mehrzelliges Sprungbrett für ihre Sporen zu bilden. In allen anderen Fällen, ob bei Pflanzen oder Tieren, entstehen die mehrzelligen Gebilde, indem zwei aus einer Zellteilung hervorgegangene Zellen vereint bleiben.

An einem Ei (der großen Zelle, aus der für gewöhnlich die Entwicklung eines Tiers ihren Lauf nimmt) kann man Schritt für Schritt die Entstehung eines Embryos aus anfangs zwei Zellen beobachten, dann aus vier, acht Zellen usw. Von einem Vorgang, der den Fortbestand der Art sichert, wurde die Zellteilung zu einem Vorgang, der die Entwicklung eines Tiers oder einer Pflanze erlaubt, d. h. eines Organismus, der viel größer ist, als es jemals eine einzelne Zelle sein könnte.

Es entsteht ein Organismus, der viel größer und im Regelfall nicht unsterblich ist. Tatsächlich kommt es sehr selten vor, dass ein aus mehreren Zellen bestehendes Lebewesen für die Reproduktion dieselbe Strategie wählt, die im Fall einer einzelnen Zelle so gut funktioniert: die Teilung in zwei mehr oder weniger gleiche Hälften, die fähig sind, zu überleben, zu wachsen und sich zum gegebenen Zeitpunkt selbst zu teilen.

Bei den Tieren beginnt der Vorgang praktisch immer wieder von vorn mit einer einzelnen Zelle, die fähig ist, einen mehrzelligen Organismus entstehen zu lassen. Diese einzelne Zelle ist die Stammmutter einer ganzen Reihe von Zellgenerationen, die Schritt für Schritt ein neues Wesen entstehen lassen. Sie verfügt über außergewöhnliche Nahrungsreserven, die für das Überleben notwendig sind. Dies betrifft die Zeitspanne – zwischen einem Tag und mehreren Monaten–, die von der Trennung der Zelle vom Elternindividuum bis zur Entwicklung eines neuen Individuums vergeht, bis dieses sich selbst erhalten kann. Daher sind Eier große Zellen. Fast ihre gesamte Masse besteht aus Eidotter, aus dem der Embryo seine Nahrung bezieht.

Diese Nahrungsquelle reicht aber nicht aus. Ohne Mitwirken eines Partners ist das Ei üblicherweise dazu verdammt, auf ungewisse Zeit inak-

durch Liebe

tiv zu sein und letztlich zerstört zu werden. Ein natürlicher Partner ist eine zweite Zelle, ein Spermium, und erst durch ihr Aufeinandertreffen bzw. ihre Vereinigung kann sich ein neues Individuum entwickeln.

Tatsächlich waren bei der Reproduktion seit jeher die Prinzipien der Sexualität bestimmend. Diese besteht im Wesentlichen in der Vereinigung des Erbmaterials zweier verschiedener Zellen und ist somit eine wirksame Art, neue Chromosomenkombinationen entstehen zu lassen und zu erproben, die sich möglicherweise für zukünftige Generationen als vorteilhaft erweisen. In einer Welt, die einem ständigen Wandel unterworfen ist, gibt es kein endgültiges Ziel, keine perfekte Anpassung. Zum Überleben genügt es daher nicht, immer wieder mit höchster Genauigkeit die bisher beste Strategie zu bemühen. Schon morgen könnten veränderte Umweltbedingungen eine etwas andere Strategie erforderlich machen, vielleicht genau diejenige, die das zufällige Aufeinandertreffen der Keimzellen beider Geschlechter ermöglicht hat.

Daher bedeutet die Reproduktion für einen Mehrzeller nicht nur die Produktion und Freigabe einzelner Zellen, die die Eigenschaften ihrer Mutterzelle besitzen. Die Zellen müssen auch befähigt werden, sich zu vereinigen und eine beliebige Anzahl neuer Kombinationen zu schaffen, von denen letztlich nur einige aus Zufall oder aufgrund ihrer herausragenden Eigenschaften überleben.

Für die Keimzellen und die Individuen, von denen sie erzeugt werden, ist das Überleben oft eine heikle Angelegenheit. Auf der einen Seite stehen große, unbewegliche Eier, die reich an Dotter sind, auf der anderen Seite kleine, bewegliche Spermien mit beschränkten und nicht erneuerbaren Nahrungsreserven: Eier und Spermien, die meist von unterschiedlichen Individuen erzeugt wurden, die nicht selten wieder die Eigenschaften jener Keimzellen aufweisen, die sie erzeugen. So kommt es häufig vor, dass Weibchen, die die Aufgabe haben, möglichst viele Eier zu erzeugen, wie die von ihnen erzeugten Keimzellen viel weniger mobil oder gar ganz sesshaft sind. Männchen derselben Art, die die viel leichteren Spermien produzieren und in sich tragen, sind hingegen auf ihre Mobilität angewiesen, wenn sie zu ihren Gefährtinnen gelangen wollen, um ihre typischerweise recht beweglichen Spermien zur Verfügung zu stellen.

Zu dieser genauen Arbeitsteilung männlicher und weiblicher Keimzellen, die sich sehr oft auch in den Individuen beider Geschlechter widerspiegelt, gesellen sich notwendigerweise auch genaue Kommunikationsstrategien. Strategien, bei denen zunächst vor allem bei sesshaften oder wenig mobilen Tieren wie Korallen, Austern und Seeigeln dieselben Keimzellen beteiligt sind. Diese Tiere scheiden die von ihnen erzeugten Keimzellen im Wasser aus, ohne sie mit einer besonderen Fähigkeit auszustatten, die die Befruchtung erleichtern würde. Vielfach orientieren sie sich jedoch an einem von der Natur vorgegebenen Zeitplan, etwa den Mondphasen, so dass die Eier und Spermien einer bestimmten Art zu bestimmten Zeitpunkten von allen Individuen einer Population gleichzeitig in großen Mengen abgelegt werden. Diese Einrichtung der Natur alleine würde eine Befruchtung jedoch recht unwahrscheinlich machen, wenn nicht die weiblichen Keimzellen zusätzlich chemische Substanzen (Pheromone) im Wasser ausschütten würden, an denen sich die männlichen Keimzellen orientieren können und die sie zu ihrem Ziel geleiten.

# durch Liebe

Die Befruchtung außerhalb des Körpers mag für ein sesshaftes Meerestier die einzige Möglichkeit der Fortpflanzung darstellen, aber es handelt sich um eine aufwändige Angelegenheit, die den Einsatz unzähliger Keimzellen erfordert.

Mobilen Tieren steht hingegen auch im Meer eine ganz andere Möglichkeit zur Verfügung, nämlich die Keimzellen im Inneren des Körpers aufeinander treffen zu lassen; meist im Körper des Weibchens. An Land ist diese Alternativlösung praktisch Pflicht und die Befruchtung außerhalb des Körpers ausgeschlossen. So wäre es in einem Fluss undenkbar, dutzende Keimzellen den Fluten zu überlassen (abgesehen vom Problem des Wasserhaushalts, das eine winzige Zelle zu lösen hätte, um in salzarmen Gewässern zu überleben).

An Land ändern sich die Bedingungen weniger für die Keimzellen als für die Individuen, von denen sie produziert werden. Denn nun liegt es an ihnen, sich auf die Suche nach einem Partner zu machen. Und genau diesem Umstand ist die außergewöhnliche Vielfalt der Kommunikationsformen innerhalb der Tier- und Pflanzenwelt zu verdanken. Das Geheimnis der Farbenpracht vieler Pflanzen und ihres Duftspektrums liegt darin, all jene Tiere (Insekten, Vögel) anzulocken, die als besondere Kuriere Pollen von einer Blüte zur anderen transportieren.

Es genügt also nicht, sich auf die Produktion von Keimzellen zu konzentrieren statt auf eine weitere Zunahme der eigenen Größe – ein ebenso wichtiger Bestandteil der Ressourcen, die sich das Tier zu eigen macht, wenn es eine Beute verfolgt, gegen Konkurrenten kämpft oder der Falle eines Feindes entwischt. Es gilt, zusätzliche Energie aufzubringen und sich Risiken zu stellen, um mit seinen Artgenossen kommunizieren zu können, indem man sich etwa ein auffälliges Prachtkleid zulegt. Oder man lässt Töne erklingen, mit denen man einen Partner umwerben, ihm schon aus der Ferne antworten oder einem Rivalen zu erkennen geben kann, dass seine Anwesenheit unerwünscht ist.

Manche Tiere paaren sich nur ein einziges Mal in ihrem ganzen Leben. Darauf nicht vorbereitet zu sein, bedeutet, für immer jede Möglichkeit zu verpassen, Nachkommenschaft zu hinterlassen und – wenn auch nur indirekt – in künftigen Generationen weiterzuleben.

Jedenfalls ist nicht gesagt, dass mit dem Aufeinandertreffen von zwei Keimzellen die Arbeit bereits getan ist. Für einen Vogel, der seine Eier ausbrüten muss, oder ein Säugetierweibchen, das trächtig ist oder seine Jungen säugen muss, hat der Kampf ums Überleben der eigenen Nachkommen womöglich erst begonnen.

Aber in der unendlich vielfältigen Natur gibt es nicht nur Väter, die ausschließlich bestrebt sind, ihren Nachkommen die eigenen Gene mit auf den Weg zu geben, sondern auch solche, die sich die elterlichen Pflichten mit ihrer Partnerin gerecht teilen, bis die Nachkommen autonom sind. Männliche Seepferdchen tragen sogar ganz alleine die Eier in einer Bauchtasche aus. Es gibt auch nicht nur Weibchen, die zum Weiterleben der eigenen Art beitragen, indem sie möglichst viele Eier produzieren, sondern auch solche, die das ganze Leben danach trachten, ihre Kinderschar möglichst klein zu halten. Tatsächlich gibt es auch Tiere, die nur eine Mutter im ursprünglichen (genetischen) Sinne des Wortes und keinen Vater haben, sowie Tiere, die zwei Elternteile haben, ohne dass einer von ihnen ein eindeutiges Geschlecht besitzt.

# durch Liebe

Vaterlose Nachkommen entstehen durch Parthenogenese aus unbefruchteten Eiern. Dies ist aber nur bei relativ wenigen Tieren der Fall und tritt nur in Gemeinschaften auf, die ausschließlich aus Weibchen bestehen und bei denen sich seit geraumer Zeit keine Männchen mehr entwickeln. Obwohl man dieses Phänomen häufiger bei wirbellosen Tieren findet, ist es auch bei einigen Eidechsen- und Salamanderarten nicht ungewöhnlich. Häufiger jedoch, etwa bei den Blattläusen, wechseln sich parthenogenetische Generationen jährlich mit einer Generation an Zwittern ab, bei der die von den Weibchen erzeugten Eier normal befruchtet werden. In anderen Fällen, wie etwa bei der Biene, erfolgt die Befruchtung beliebig, aber mit unterschiedlichem Ergebnis: Aus den befruchteten Eiern entstehen ausschließlich Weibchen, aus den unbefruchteten nur Männchen.

Schließlich gibt es noch die Hermaphroditen unter den Tieren, bei denen gleichzeitig oder unabhängig voneinander männliche und weibliche Keimzellen heranreifen. So kann es passieren, dass, wie beim Bandwurm, die von einem Hermaphroditen produzierten Eier von den Spermien desselben Tiers befruchtet werden. Häufiger jedoch, etwa bei den Schnecken oder Blutegeln, kommt bei Hermaphroditen die Fremdbefruchtung vor. Dies ist aus offensichtlichen Gründen notwendig, wenn das Tier im Laufe seines Lebens sein Geschlecht wechselt, wie die Goldbrasse, die nach ihrer Wachstumsphase als Männchen die fortpflanzungsfähigen Jahre als Weibchen verbringt.

Die Frage des Geschlechts ist in der Regel eine genetische Tatsache. Sie hängt von der Kombination von Chromosomen ab, die entsteht, wenn sich ein Ei und ein Spermium zu einer Zygote verbinden. Dies ist allerdings nicht immer so.

Bei vielen Reptilien hängt das Geschlecht des jeweiligen Individuums von der Temperatur ab, der das Ei während der Brutzeit ausgesetzt ist. Bei Alligatoren beispielsweise existiert eine bestimmte Temperaturgrenze, unter der sich ein männliches Tier entwickelt und daüber ein weibliches Tier. Es ist schwer, zu ergründen, welche Vorteile ein solcher Mechanismus zur Festlegung des Geschlechts haben könnte, der doch so völlig von Umweltbedingungen abhängig ist.

Weitaus sicherer, um ein ausgewogenes Verhältnis der Geschlechter zu erzielen, ist da schon die Methode der Art *Bonellia viridis*, einem im Meer lebenden Wurm, bei dem das winzig kleine Männchen als Gast im Körper des erheblich größeren Weibchens lebt. Bevor die Bonellia-Larve zum Meeresgrund sinkt, wo sie dann als Wurm lebt, schwebt sie einige Tage im Wasser, wobei ihr Geschlecht noch nicht eindeutig festgelegt ist. Dies geschieht erst bei der Metamorphose. Befindet sich in der Nähe ein Weibchen, nimmt die Larve es durch eine bestimmte Substanz, die der erwachsene Wurm ins Wasser absondert, wahr. Unter diesen Bedingungen entwickelt sich die Larve zu einem Männchen und nistet sich im Körper des erwachsenen Weibchens ein. Erhält die Larve jedoch im entscheidenden Moment kein Signal von einem Weibchen, entwickelt auch sie sich zu einem Weibchen, das wiederum andere Larven dazu bringen wird, das männliches Geschlecht anzunehmen.

## ES KANN NUR EINEN GEBEN…

In einer Welt voll angriffslustiger Feinde muss man schon einen guten Grund haben, sich wie der männliche Pfau seiner Umwelt im auffälligen Federkleid zu präsentieren. Es ist die Hoffnung auf mehr Erfolg beim weiblichen Geschlecht. Ein gefährliches Spiel, das sich aber durchaus lohnt. Nur den attraktivsten Männchen gelingt es, sich fortzupflanzen. Sie werden von einem ganzen Harem umschwärmt, während die übrigen Mitstreiter, zumindest bis zur nächsten Paarungszeit, leer ausgehen.

## SIEG DER LIEBE

Beim Hirschkäfer, einem der stattlichsten Insekten unserer Fauna, haben die großen Unterkiefer des Männchens dieselbe Funktion wie die auffälligen Geweihe auf der Stirn. Sie dienen tatsächlich als Waffen in den Gefechten, die sich die Käfer während der Paarungszeit um die Gunst eines Weibchens liefern. Wie beim Hirsch, dem diese Käferart ihren Namen verdankt, folgen die Kämpfe strengen Ritualen und verlaufen üblicherweise unblutig: Der Unterlegene verlässt einfach die Arena.

## WIR GEHÖREN ZUSAMMEN

Die von den weiblichen Kröten, Fröschen und Laubfröschen produzierten Eier würden nicht lange überleben, wenn ihre Mutter sie schutzlos auf dem Boden zurückließe. Die geleeartigen Kugeln würden in der Luft schnell austrocknen. Wie gut also, dass sie von ihren Müttern sorgfältig an geeigneten Orten abgelegt werden. Das müssen jedoch nicht immer Teiche oder Sümpfe sein. In Tropenwäldern legen viele Laubfrösche ihre Eier in Nestern aus Wasserblasen ab, die an den Blättern der Bäume kleben. In Südamerika gibt es sogar eine Art, bei der das Männchen mehrere Tage auf Nahrung verzichtet und seine Mundhöhle bis zum Schlüpfen der Jungen als Brutkasten verwendet.

## KÖNIGLICHES PAAR

Glücklicherweise brauchen Löwen keine Geburtsurkunde. Ohne DNA-Test wäre es nämlich ganz schön schwierig, die Vaterschaft jedes Jungen zu bestimmen. Die oft lange Beziehung zwischen einem Löwenmännchen und einem Weibchen ist keineswegs ein Beweis für echte Treue. Tatsächlich ist es bei dieser Art üblich, dass ein Männchen an ein und demselben Tag seine Aufmerksamkeit zwei verschiedenen Weibchen widmet, die in der Brunst jedes erwachsene männliche Tier des Rudels als Partner akzeptieren.

## AFFENLIEBE

Oft sind die ersten Annäherungsversuche eines männlichen Schimpansen gegenüber einem Weibchen alles andere als höflich, doch früher oder später bilden sich vertraute Pärchen, die ihre Gruppe verlassen und auf Hochzeitsreise gehen. Diese kann bis zu einem Monat dauern. Bei der Rückkehr aus den Tiefen des Waldes sind die Weibchen dann meist in freudiger Erwartung.

## ZEIT FÜR ZÄRTLICHKEIT

In der Evolutionsgeschichte der Wirbeltiere gehört das amniotische Ei zu den außergewöhnlichsten Errungenschaften. Das von einer schützenden Schale umhüllte Ei der Eidechsen, Schlangen oder Vögel kann auch an trockenen Orten abgelegt werden. Im Inneren hat der Embryo alles, was er zum Heranwachsen braucht – Dotter und Wasser. Bevor sich jedoch die Schale bildet, muss das Ei befruchtet werden, und dies geschieht im Inneren des weiblichen Körpers. Dies gilt auch für jene Landwirbeltiere, die ins Wasser zurückgekehrt sind, wie Delphine, Wale und die großen Meeresschildkröten.

## LIEBE VERLEIHT FLÜGEL

Am besten ist wohl, in der Jugendphase genau aufzupassen. Dann nämlich, wenn die Eltern – oder zumindest die Mutter – als Vorbilder fürs Leben dienen. Einmal abgeguckt… muss man das Ganze nur noch in die Tat umsetzen!

## LIEBE GEHT DURCH DEN MAGEN

Die Paarung birgt durchaus Gefahren, zumal bei Räubern. Sind die Männchen kleiner und schwächer als ihre Partnerinnen, können sie einem besonderen Risiko ausgesetzt sein. Bei der Gottesanbeterin kommt es manchmal vor, dass das Weibchen ihren Partner während der Vereinigung verspeist. Durch dieses tödliche Schäferstündchen fällt für das Weibchen neben den männlichen Keimzellen auch ein kleiner Leckerbissen ab, der, wenn auch verzichtbar, zumindest eine viel größere Bürde wettmacht: die Produktion dutzender Eier.

## SCHMETTERLINGE IM BAUCH...

Das Leben der meisten Insekten ist von der „Chemie" bestimmt. Mit ihren sensiblen Fühlern können sie Nahrungsquellen orten, Artgenossen erkennen und nicht zuletzt einen Gefährten des anderen Geschlechts finden. Tagfalter haben darüber hinaus gute Augen, und dank ihrer auffällig bunten Flügel, die sich bei Männchen und Weibchen oft unterscheiden, können sie auch aus weiter Entfernung einen potenziellen Partner auf sich aufmerksam machen. Ob dieser auch tatsächlich willig ist, stellt sich jedoch erst später heraus, wenn die beiden Schmetterlinge einander berühren.

## GEMEINSAM SIND WIR STARK

Das Plankton an der Meeresoberfläche enthält neben vielen kleinen Algen und dutzenden winzigen Krebstieren auch unzählige, winzig kleine, gallertartige Larven, die sich entweder in einen Schwamm, eine Miesmuschel, einen Seestern oder einen Seeigel verwandeln. Alleine sind ihre Überlebenschancen gering, nur gemeinsam sind sie stark. Aber es gibt auch Meerestiere, wie Kraken und Tintenfische, die diese heikle Larvenphase ganz überspringen und unmittelbar nach dem Schlüpfen aus dem Ei ein aktives Leben beginnen.

## VATERSÖHNCHEN

Bei vielen Tieren ist die Sorge um den Nachwuchs Frauensache. Manchmal teilen sich die Partner die Aufgaben, besonders wenn es darum geht, ein Nest zu bauen – eine Aufgabe, für die oft das Männchen ganz alleine verantwortlich ist. Aber es gibt auch Tiere, bei denen das Weibchen nur die Eier legt und dem Vater alles andere überlässt. Etwa bei den Seepferdchen, bei denen die Männchen eine Bauchtasche besitzen, in der sie die Eier sammeln. Wenn die Embryonen ausgereift sind, bringt der Vater seine Nachkommen natürlich auch zur Welt.

## EINMAL UND NIE WIEDER…

Vielen, vor allem kleinen Tieren, ist nur ein sehr kurzes Leben beschieden. Daher erleben manche oft nur eine einzige Paarungszeit, die mitunter nur ein paar Stunden dauert. Das trifft jedoch auch auf größere Tiere wie Kraken, Sepien und Kalmare zu, die unter Krämpfen ihre Keimzellen im Wasser ablegen, um dann einige Stunden später zu sterben. Oftmals versammeln sich tausende und abertausende von Kalmaren an einer ruhigen Stelle im Meer, um dieses Ritual gemeinsam zu begehen.

## KINDER DES WINTERS

Keine Bäume zum Nestbauen, kein Unterschlupf, der Schutz vor den eisigen Polarwinden bietet. Nur Eiswüste – wohin das Auge blickt. Der einzige mögliche Platz, an dem der Kaiserpinguin – es brütet das Männchen – sein großes Ei sicher aufbewahren kann, ist das eigene Gefieder. Es darf sich bis zum Ausschlüpfen des Nachwuchses den ganzen Winter in der Antarktis nicht bewegen. So lange muss der Pinguin fasten, bis der kurze Frühling das Schlüpfen der Kleinen erlaubt – und den lang ersehnten Sprung ins Meer, zur Jagd nach einem wohlverdienten Leckerbissen.

# LIEBE

## EINEN FÜR MAMA, EINEN FÜR PAPA...

In Klimazonen mit ausgeprägten Unterschieden zwischen den Jahreszeiten ist die Paarung meist so terminiert, dass die Nachkommen zur Welt kommen, wenn die Natur reich an potenzieller Nahrung ist. Daher beginnen viele Singvögel bereits Anfang Frühling mit dem Nestbau und der Suche nach einem geeigneten Partner. Nachdem sich ein Pärchen gefunden hat und die Eier gelegt sind, schlüpfen die Nachkommen im späten Frühling. Dann wimmelt es auf den Wiesen und Bäumen von Insekten und anderen Kleintieren, mit denen die gierigen Mäuler der Jungen gestopft werden können.

## ELTERN WERDEN IST NICHT SCHWER…

In der Tierwelt sind die Weibchen oft größer als die Männchen. Die Zahl der Eier, die in ihrem Körper heranreifen, und deren Gewicht sind oft erstaunlich, während im Vergleich dazu bei den Männchen die Produktion der Keimzellen nicht besonders aufwändig ist. Bei Säugetieren und ein paar anderen Tieren sind die Größenverhältnisse jedoch umgekehrt. Die Männchen – viel größer als ihre Partnerinnen – stehen untereinander in ständiger Konkurrenz, und häufig schart ein siegreiches Tier einen ganzen Harem von kleineren und friedlicheren Weibchen um sich.

## KOMM, SPIEL MIT MIR

Ein Tier vererbt seinen Nachkommen nicht nur seine Chromosomen. Soziale lebende Tiere geben ihr kulturelles Erbe von einer Generation an die nächste weiter. Sehr viele Vögel erlernen den typischen Gesang ihrer Art, wenn sie den ganzen Tag den Tönen von Mama und Papa lauschen. Ähnlich lernen viele Raubtiere während der langen Zeit, die sie bei ihrer Familie verbringen, auch wenn sie nicht mehr gesäugt werden. Etwa Jagdtaktiken, indem sie ihre Eltern zunächst spielerisch und schließlich mit zunehmendem Ernst nachahmen.

## ...ELTERN SEIN DAGEGEN SEHR

Es ist sicher kein Zufall, dass viele große Säugetiere üblicherweise pro Saison nur jeweils ein Junges zur Welt bringen. Ein Kalb, Hirschkalb oder einen kleinen Elefanten im Bauch zu tragen, ist für die werdende Mutter sicher keine leichte Aufgabe. Dafür sind die Kleinen bereits wenige Stunden nach ihrer Geburt relativ selbständig. Erst einmal auf den Beinen, können sie ihrer Mutter oder der Herde bei der Wanderung von einer Weide zur nächsten gleich folgen. Abgesehen vom Säugen, das immerhin vollen Einsatz erfordert, ist die Bindung zwischen Mutter und Kind auch in den ersten Tagen nicht sehr eng. Ganz anders bei Säugetieren wie Bären, deren Nachkommen bei der Geburt winzig klein sind und sich mit wenig begnügen. Dafür sind sie in ihrer Entwicklung noch zurück und brauchen lange Zeit die Fürsorge ihrer Mutter.

## JUNGE ODER MÄDCHEN?

Beim Menschen wie bei Säugetieren, Vögeln, Fröschen und Insekten entscheidet sich das Geschlecht des Jungen in dem Moment, wo Ei und Spermium aufeinandertreffen. Anders ist es bei vielen Reptilien, bei denen das Geschlecht nach der Besamung mehrere Tage lang unbestimmt bleibt. Es ist von der Temperatur abhängig, in der das Ei ausgebrütet wird. Bei etwas höheren Temperaturen wächst beispielsweise ein Alligatorenweibchen heran, bei kühleren hingegen ein Männchen.

# ANGRIFFE ÜBERLEBEN

ES GIBT WOHL KEINE TIERART, DIE VOR DEM RISIKO EINES ANGRIFFS GEFEIT IST, NICHT EINMAL DIE GRÖSSTEN ODER WILDESTEN TIERE, DIE SICH – ZUMINDEST – GEGEN AGGRESSIVE PARASITEN ZUR WEHR SETZEN MÜSSEN. AUCH DEN PFLANZEN, DIE VON DORT, WO SIE EINMAL WURZELN GESCHLAGEN HABEN, NICHT EINFACH DIE FLUCHT ERGREIFEN KÖNNEN, SIND NICHT ALLE BESUCHER SO WOHLGESONNEN WIE BEISPIELSWEISE DIE INSEKTEN. DIESE STIBITZEN BEI IHREM STELLDICHEIN ZWAR EIN WENIG NEKTAR UND POLLEN, ABER DAFÜR TRAGEN SIE ALS GEGENLEISTUNG POLLEN VON EINER BLUME ZUR ANDEREN UND MACHEN SO DIE BEFRUCHTUNG ERST MÖGLICH. AUF REHE, RAUPEN ODER HOLZFRESSENDE INSEKTEN ÜBT DIE PFLANZENWELT DA SCHON EINE ANZIEHUNGSKRAFT MIT GANZ ANDEREN AUSWIRKUNGEN AUS.

## ES GRÜNT SO GRÜN...

Das Grün der Blätter, das heißt das Grün des Chlorophylls, dominiert fast jeden tierischen Lebensraum. Möchte man seine Überlebenschancen steigern und gewissermaßen „inkognito" durchs Leben wandeln, tut man gut daran, diese Hintergrundfarbe zu imitieren. Eine Taktik, die umso besser funktioniert, je weniger man sich bewegt. Der Gecko ist hierin ein Meister, doch er hat auch noch eine andere besondere Fähigkeit: Dank seiner Härchen auf den Füßen, die sich in Milliarden von kleinen Enden, so genannten Spatulae, aufspalten, kann er sich sogar kopfüber an Glasscheiben festhalten.

# Angriffe

In diesem Fall ist Abschreckung die beste Verteidigung. Manchmal reichen schon ein paar Dornen, um große Pflanzenfresser fernzuhalten, die nicht unbedingt erpicht darauf sind, sich das Maul oder die Nase blutig zu stechen. Manchmal hilft auch ein ekelhafter Geruch, um einem Tier, das von einer farbenprächtigen Frucht oder einem zarten, frischen Blatt angezogen wurde, den Appetit zu verderben. Ein anderes Mal helfen ein paar Härchen, die es winzigen, pflanzenfressenden Insekten unmöglich machen, sich auf den Blättern niederzulassen.

Und wieder ein anderes Mal spielen die Pflanzen ihre höchste Karte aus – Gift. Dabei ist der Erfolg keineswegs garantiert. Nachtschattengewächse, zu denen auch die Kartoffel zählt, besitzen allgemein einen hohen Alkaloidgehalt. Dagegen sind die grünen Teile vieler Hülsenfrüchtler reich an organischen Verbindungen, die das gefährliche Cyanid-Ion freisetzen können. Die in den Fasern dieser Pflanzen enthaltenen Gifte reichen aus, um die meisten Pflanzenfresser, Wirbeltiere oder Insekten, die sich nur zu gerne an ihnen laben würden, auf Distanz zu halten. Es gibt jedoch einige Insektenarten, die gegen diese chemische Abwehr immun sind. Sie können die giftigen Stoffe mit Hilfe anderer Moleküle neutralisieren und ein Gegenmittel produzieren, was der Großteil der Pflanzenfresser nicht kann. Daher sind diese giftigen Pflanzen privilegierten Insekten vorbehalten, die demnach auch keine Konkurrenz durch andere Pflanzenfresser fürchten müssen.

Für die Pflanze bedeutet dies jedoch eine Lücke in ihrem Abwehrsystem. Ein Beweis, dass in der Natur kaum eine Strategie unbesiegbar ist. Im Gegenteil, im Kampf ums Überleben kann das, was anfangs als Hindernis erscheint – wie zum Beispiel das erwähnte Gift in den Pflanzenblättern als Schutz vor Pflanzenfressern –, für jene Tiere, die dieses Hindernis überwinden, die Basis für eine bevorzugte Stellung oder besondere Stärke sein. Tatsächlich sind Insekten, die sich von giftigen Pflanzen ernähren, für fast alle anderen Arten giftig, da sie in ihrem Gewebe Spuren der giftigen Substanzen, die sie mit der Nahrung aufgenommen haben, speichern und diese ihrerseits zur Verteidigung gegen Feinde einsetzen können.

Das erfordert jedoch ein paar Tricks. Wenn ein Raubtier stirbt, weil es ein giftiges Tier verspeist hat, kann es passieren, dass andere Raubtiere derselben Art früher oder später dasselbe Schicksal ereilt, weil sie sich von einer Beute derselben Art ernährt haben. Weder das Raubtier noch seine Beute haben einen Vorteil davon.

Die Sache sieht jedoch anders aus, wenn das Raubtier lernen kann, unter dem möglichen Nahrungsangebot das giftige vom ungiftigen zu unterscheiden. Eine negative Erfahrung kann sich so für die Zukunft durchaus positiv auswirken – wenn das Raubtier überlebt, nur kurzzeitig erkrankt oder eine tiefe Abscheu entwickelt. Der Vorfall bleibt in seinem Gedächtnis haften, das Tier erkennt beim nächsten Mal den vermeintlichen Leckerbissen wieder, noch bevor es diesen berührt und lässt ihn daher nun ganz einfach links liegen.

Tiere, deren Fleisch ungenießbar ist, haben daher eine auffällige Oberfläche mit starken Kontrasten, zum Beispiel Rot und Schwarz. Nicht weniger auffällig sind Tiere mit gefährlichen Stacheln oder langen Giftzähnen. Ein Beispiel sind Wespen mit ihrer markanten schwarz-gelben Färbung oder die Korallenschlange, deren langer Körper zahlreiche schwarze und weiße Ringe auf rotem Untergrund aufweist. Wer schon

# Angriffe

einmal von einer Wespe gestochen worden ist, wird sich vor ihrem giftigen Stachel künftig hüten. Ihre auffällige Zeichnung birgt dabei einen Vorteil für beide Seiten: Für den potenziellen Angreifer ist sie ein Warnzeichen, sich besser fernzuhalten. Die Wespe wiederum muss sich nicht vor ihrem Angreifer schützen, indem sie zur Abwehr ihren Stachel einsetzt.

Auch giftige Schmetterlinge trachten danach, von einem Gegner schon vor einem Angriff erkannt und somit nicht beachtet zu werden. Zwar haben sie in ihrem Körper Gift aus ihrem vorangegangenen Dasein als Larve gespeichert, aber dieses können sie nur wirksam einsetzen, wenn sie auch tatsächlich verschlungen werden. Für diese Tiere gilt daher, bereits aus sicherer Entfernung anhand einer auffälligen und unverkennbaren Zeichnung als giftig wiedererkannt zu werden, so dass jeder einen großen Bogen um sie macht.

In der Wüste beispielsweise, wo die extreme Hitze tagsüber alle Tiere – Jäger und Gejagte – dazu zwingt, ihre Aktivitäten auf die Nacht zu verlegen, wäre eine grelle Oberfläche als Wiedererkennungszeichen nicht sonderlich nützlich. Aber es gibt andere Möglichkeiten, etwa das Aussenden von Tönen wie das unverkennbare, dunkle Geräusch der Klapperschlange, wenn sie ihre Schwanzrassel vibrieren lässt.

Das macht den Klapperschlangen so schnell keiner nach. Anders bei den Wespen und den Korallenschlangen, die sehr wohl Imitatoren haben. Dabei handelt es sich keineswegs um Insekten oder Schlangen, die wie ihre Vorbilder Stacheln oder Giftzähne besitzen. Ganz im Gegenteil, es sind ungiftige Insekten oder Schlangen, die ihre täuschende Ähnlichkeit ganz unverschämt zu ihrem Vorteil nutzen.

Wer eine Korallenschlange in Frieden lässt, wird wahrscheinlich auch einer harmlosen Schlange aus dem Weg gehen, die sich auf den ersten Blick nur durch die Größe der farbigen Ringe unterscheidet. Das Risiko, sich zu täuschen, ist einfach zu groß, und so hält man sich besser nicht mit Kleinigkeiten auf. Dasselbe gilt möglicherweise auch für eine schöne Blumenfliege, die in Wahrheit ganz harmlos ist, auch wenn ihre Färbung jener eines giftigen Insekts ähnelt.

Jedoch hat auch dieser „Betrug" seine Grenzen. Die Nachahmung gelingt nämlich nur, wenn sie maßvoll erfolgt. Wenn es nur wenige Fliegen gibt, die einer Wespe ähnlich sehen, ist die Wahrscheinlichkeit höher, dass das erste Aufeinandertreffen mit einem schwarz-gelben Insekt für den Angreifer schmerzhaft endet. Das wäre aber nicht der Fall, wenn es mehr schwarz-gelbe Fliegen als Wespen gäbe. Dann würde der Angreifer möglicherweise die Oberfläche niemals mit Gefahr assoziieren und seine Jagd fortsetzen, auch wenn es dabei gelegentlich zu einer unliebsamen Begegnung mit einer schwarz-gelben Beute mit Stachel käme.

Diese Beispiele zeigen deutlich, wie wichtig die Signale sind, die eine potenzielle Beute als Abwehrstrategie aussendet, das heißt ihre Farben, Bewegungen und Töne. Doch es besteht kein Zweifel, dass die Warnsignale nur dann wirksam sein können, wenn das Tier auch über aktive – tatsächliche oder vorgetäuschte – Abwehrmechanismen verfügt. Besitzt es diese nicht, sind andere Strategien notwendig.

Die nächstliegende, wenn auch nicht immer umsetzbare Strategie besteht darin, sich nicht entdecken zu lassen. Mit einem Leben im Untergrund, wie es der Maulwurf führt, kann man sich hervorragend allen Jägern entziehen. Aber nicht immer ist es notwendig, sich in einem

# Angriffe

Loch zu verbergen, um nicht gesehen zu werden. Viele Tiere reduzieren die Gefahr, zum Opfer zu werden deutlich, indem sie dieselbe Farbe wie ihre Umgebung haben: Grün sind Tiere, die sich zwischen Blättern aufhalten, ocker diejenigen, die sich auf trockenem Gras bewegen, grau und unregelmäßig gemustert jene, die ihr Leben auf dem Boden verbringen.

Die Fähigkeit, stundenlang unbeweglich zu bleiben, trägt viel zur Unsichtbarkeit eines Tieres bei, auch wenn es nicht jenen weiteren Schutz genießt, den eine gut an die Umwelt angepasste Gestalt zusätzlich bietet. Es gibt jedoch auch Insekten, die wie ein Zweig, Blatt oder Dorn aussehen, und sogar Raupen und winzige Schmetterlinge, die im Ruhezustand leicht mit Vogelkot zu verwechseln sind.

Bei diesem Täuschungsmanöver steht wieder die Kommunikation zwischen der potenziellen Beute und ihrem Jäger im Vordergrund – hier wird manipuliert, und es werden falsche Fährten gelegt, um den Angreifer so lange abzulenken, bis sich das Opfer in Sicherheit bringen kann.

Beispielsweise besitzen viele Schmetterlingsarten Hinterflügel, die sich zu schmalen Schwänzen verlängern, auf denen sich ein runder, auffallend bunter Fleck befindet. Wenn sich der Schmetterling mit geschlossenen Flügeln auf einer Blüte niederlässt, könnte man die beiden kleinen Schwänze mit Fühlern verwechseln und die runden Flecken für Augen halten. Der Kopf mit den echten Fühlern und Augen befindet sich jedoch genau auf der anderen Seite. Aus diesem Grund erwartet ein vom falschen Signal getäuschter Jäger, dass der Schmetterling seine Flucht in die andere Richtung, also direkt in sein gieriges Mäulchen einschlagen wird. Falsch gedacht!

Die ehrlichen oder weniger ehrlichen Botschaften sind der Hauptaspekt jedes Kommunikationssystems, aber das setzt voraus, dass der Empfänger der Botschaft entsprechend ausgestattet ist, diese zu empfangen und zu interpretieren. Es besteht jedoch kein Zweifel, dass die Jäger in dieser Hinsicht meist gut gerüstet sind: Man denke nur an das Sehvermögen des Adlers, der von hoch oben eine Maus erkennen kann, die am Boden entlang huscht, oder an den Geruchssinn einer Katze, die aus weiter Entfernung eine Beute wittern kann.

Allerdings sendet auch oft der Jäger, ganz entgegen seinem Interesse, eine Botschaft aus, mit der er seine Anwesenheit zu erkennen gibt. Aus diesem Grund ist es für die potenzielle Beute so wichtig, den Angreifer rechtzeitig wahrzunehmen und darauf zu reagieren. Schließlich haben nicht nur Jäger wachsame und scharfe Augen!

In diesem Zusammenhang scheinen die Augen der Waldschnepfe außergewöhnlich: Sie befinden sich an den Seiten des schmalen, langen Kopfes und erlauben dem Vogel, in alle Richtungen zu blicken, ohne sich auch nur ein Stück bewegen zu müssen. Ihr Blickwinkel reicht sogar hinter die eigenen Schultern, also genau in jene Richtung, aus der ein Angriff am wahrscheinlichsten ist.

Ganz anders, aber nicht weniger außergewöhnlich sind die Augen der Jakobsmuschel, einer Kammmuschel. Ist die Muschelschale halb geschlossen, lugt aus den Rändern ihrer Weichteile eine Reihe kleiner, dunkler Augen mit Blick in die verschiedensten Richtungen hervor. So ist das Herannahen eines Angreifers nur schwer zu übersehen, vor allem, wenn es sich um ein langsames Tier handelt wie einen Seestern, dem typischen Feind der Muschel.

# Angriffe

Von allen Abwehrstrategien, die auf der Kommunikation zwischen Jäger und Gejagtem beruhen, ist vielleicht jene am außergewöhnlichsten, die einige Nachtfalter gegenüber ihren Hauptfeinden, den Fledermäusen, einzusetzen pflegen. Während ihres Flugs senden die Fledermäuse in regelmäßigen Abständen sehr hohe Rufe aus, die das menschliche Ohr nicht wahrnehmen kann. Sogleich hören sie das Echo, das von den Objekten in der Umgebung zurückgeworfen wird. Auf diese Weise nutzen die Fledermäuse ein Echolot, ein Sonar, das ihnen erlaubt, bei ihrem Flug in der Dunkelheit mögliche Hindernisse zu orten, darunter auch Insekten in der Luft, die eine schmackhafte Beute abgeben könnten.

Ein mögliches Opfer hat allerdings einen Weg gefunden, sich gegen einen solchen Angriff zu wappnen. Der von den Fledermäusen erzeugte Ultraschall wird auch von den Nachtfaltern wahrgenommen, die sofort ihre Flügel schließen und sich zu Boden fallen lassen. Diese einfache Maßnahme reicht üblicherweise aus, um dem Aktionsfeld des Sonars zu entschwinden, so dass die Fledermäuse sie nicht mehr verfolgen können.

Uns Menschen erscheinen diese hochtechnischen Abwehrstrategien viel ausgeklügelter als jene rein mechanischen Strategien wie beispielsweise der Panzer des Gürteltiers, der Schildkröte oder eine Muschelschale. Manchmal jedoch ist das bewegliche Häuschen, in dem ein Tier Zuflucht findet, nicht Teil des eigenen Körpers oder eine Ausscheidung desselben, sondern es wird Stück für Stück vom Tier selbst errichtet.

So geschieht es beispielsweise bei den Köcherfliegen, kleinen, schmetterlingsähnlichen Insekten mit haarigen Flügeln und blassen Farben. Deren Larven hausen im Wasser in hübschen, selbst errichteten Unterschlüpfen aus Blättern, Zweigen, Steinchen und sogar kleinen, leeren Muscheln. Das vielfältige Baumaterial dieser „Köcher" wird mit höchster Sorgfalt zurechtgeschnitten, ausgewählt und regelmäßig Stück für Stück mit Seidenfäden zusammengefügt. Die Larve verlässt ihren zylinderförmigen Unterschlupf nur, wenn sie sich bewegen muss oder Hunger hat. In diesem oder einem ähnlichen Unterschlupf findet auch der heikle Moment des Schlüpfens statt, wenn die Gefahr besonders groß ist, von einem Jäger angegriffen zu werden.

Zum Schluss sei noch auf ein weiteres Beispiel für eine technische Abwehrstrategie hingewiesen – die des Bombardierkäfers. Der kleine, zwischen den Erdschollen in Feuchtgebieten beheimatete Käfer versteckt in seinem Hinterleib zwei Stoffe, die eine explosive Mischung ergeben: zum einen Wasserstoffsuperoxid und zum anderen eine Peroxidase, in deren Gegenwart sich das Wasserstoffsuperoxid zersetzt und somit Wasser und gasförmigen Sauerstoff bildet. Wird der Käfer angegriffen, verbinden sich die Peroxidase und das Wasserstoffsuperoxid. Das so erzeugte Gasgemisch wird mit voller Wucht, begleitet von einem ratternden Geräusch, aus dem Magen des kleinen Insekts gepresst. Dieser Verteidigungsschlag setzt dem Angreifer ganz schön zu, nicht zuletzt weil der Käfer zusätzlich auch eine ordentliche Dosis Reiz erzeugender Benzochinone abgibt.

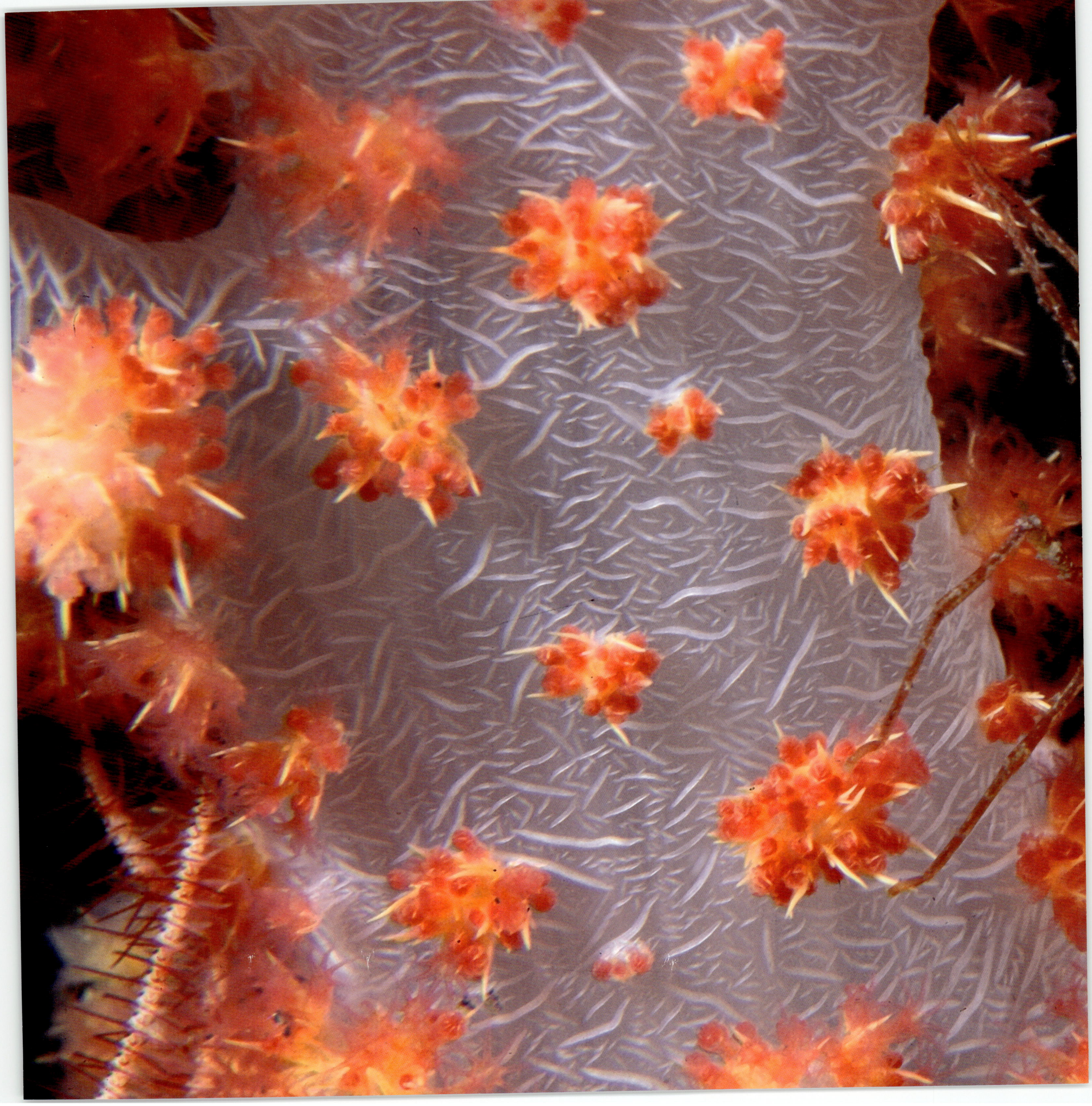

## TÄGLICHES BROT

Das Leben als Weidetier hat durchaus seine Vorzüge, besteht das tägliche Brot doch nicht aus Tieren, die es erst zu erlegen gilt, sondern aus Pflanzen, die fest im Boden verwurzelt sind. Dasselbe gilt für Meerestiere wie die Asselspinnen, auf deren Speiseplan kleine Polypen stehen, die an Felsen haften. Aber jede Medaille hat auch ihre Kehrseite: Während man genüsslich an einer Pflanze oder einer Krake knabbert, befindet man sich möglicherweise gerade im Visier eines anderen Tieres mit leerem Magen. Die Gefahr lauert immer und überall. Vielleicht ist das Risiko jedoch geringer, wenn sich die eigene Färbung von jener der Pflanzen und Felsen in der Umgebung oder der eigenen Beute nicht abhebt.

## IN GEHEIMER MISSION

Nicht nur dank seiner Färbung kann sich ein Tier so lückenlos der Umgebung anpassen, dass es praktisch unsichtbar wird. Vor allem bei Insekten wird die täuschende Ähnlichkeit zu Blättern, Blumen, Dornen und Zweigen häufig durch Äderungen, eine rauhe Oberfläche oder sogar Auswüchse und Fransen, die an den verschiedensten Körperteilen sprießen, verstärkt. So bestechen etwa die Gespenstschrecken, auch Phasmiden genannt, durch ein besonders vielfältiges Repertoire. Sie haben oft einen extrem langen und dünnen Körper – dann heißen sie Stabschrecken –, oder ihr Körper ist flach – dann werden sie Wandelnde Blätter genannt.

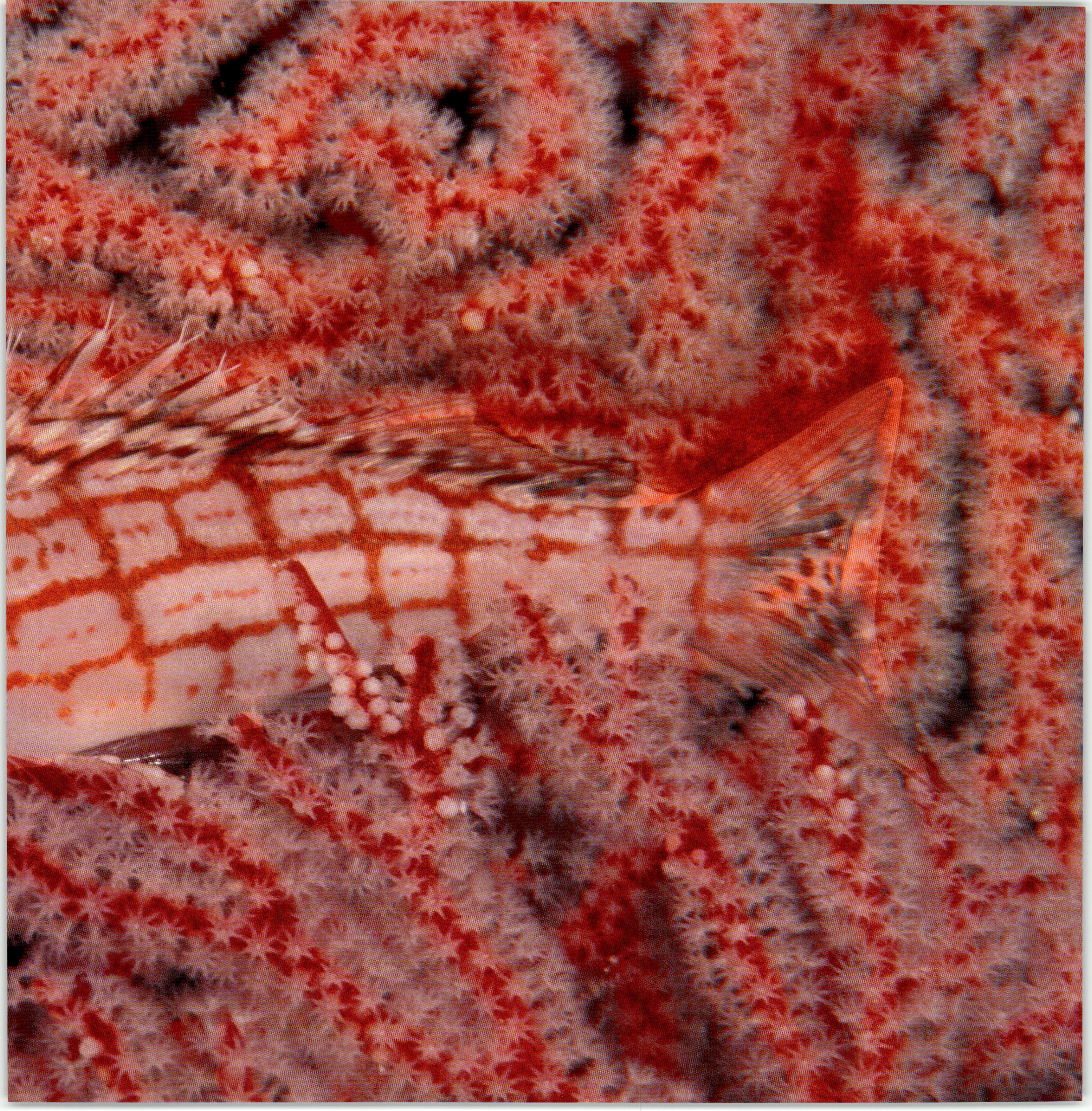

## WER SUCHET, DER FINDET

Nur ein Räuber auf den Klippen könnte einen Langschnauzen-Korallenwächter, der sich zwischen Korallen bewegt, mit Leichtigkeit erkennen. Für alle anderen bleibt der Fisch, so lange er sich in seiner angestammten Umgebung aufhält, dank seiner roten Zeichnung unerkannt. Auf der anderen Seite muss auch er früher oder später den sicheren Ort verlassen, so dass es dann mit seiner Tarnung vorbei ist. Letztlich geht es allen Arten gleich: Die perfekte Anpassung an die Umgebung gibt es nicht. Leben ist immer lebensgefährlich.

ANGRI

## SCHAU MIR IN DIE AUGEN...

Groß, schwarz und funkelnd. Die beiden Punkte rechts und links am Hinterteil des kleinen südamerikanischen Froschs könnte man wirklich für ein Paar Augen halten. Zwei unbewegliche runde Augen, die im dämmrigen Licht des Unterholzes den Augen einer Schlange zum Verwechseln ähnlich sehen und jeden, der sich nähert, zur Vorsicht mahnen. Hilft das nichts, kann der Frosch blitzschnell mit einem weiten Satz die Flucht ergreifen, und zwar anders als erwartet genau in die entgegengesetzte Richtung, wenn man die zwei großen schwarzen Punkte für die Augen dieses Tiers, Schlange hin oder her, gehalten hat.

## TRAUTES HEIM

Schnecken und Einsiedlerkrebse haben eine Sache gemeinsam, oder vielleicht auch zwei. Beide besitzen einen äußerst asymmetrischen Körper, den die Schnecken mit einem häufig spiralförmigen Schneckenhaus schützen. Einsiedlerkrebse, Verwandte der Krabben und Krebse, suchen Schneckenhäuser am Meeresgrund und verstecken darin ihren unförmigen Körper. Tatsächlich gibt es auch Einsiedlerkrebse mit einem durchaus symmetrischen Körper, wie die im Bild gezeigte Art (*Paguritta vittata*). Ein Schneckenhaus wäre für diesen Krebs keine sonderlich gute Idee. Stattdessen besiedelt er eine zylinderförmige Röhre, die deren Bauherr, ein Wurm, zurückgelassen hat. In der Zwischenzeit hat sich bereits eine bunte Korallenkolonie um die Röhre gebildet.

## ANSICHTEN EINES CLOWNS

Für einen kleinen Korallenfisch droht Gefahr nicht immer von einem größeren Fisch. Sie kann auch von einer großen fleischfressenden Pflanze ausgehen, die bei manchen Tieren bereits nach einer einzigen Berührung eine tödliche Lähmung verursacht. Besser also, man nimmt sich vor den beweglichen Fühlern der Seeanemonen mit ihren Nesselfäden in Acht. Genau hier fühlt sich der Clownfisch jedoch am wohlsten. Kein Wunder, ihm droht keine Gefahr, ist seine Haut doch mit einer Schutzschicht aus Schleim überzogen. So lange er sich in dieser Umgebung bewegt, ist er in Sicherheit, denn wer hat schon Lust, sich mit den angriffslustigen „Blumentieren" anzulegen?

## AUF HERBERGSSUCHE

Viele Tiere – angefangen von Krabben und Schnecken bis hin zu Schildkröten und Gürteltieren – besitzen von Natur aus einen Panzer. Andere, wie die Larven der Köcherfliege, müssen sich diesen erst bauen. Für diese kleinen Wasserinsekten (als Erwachsene besitzen sie Flügel, leben an Land und sehen aus wie kleine Schmetterlinge mit behaarten Flügeln), bieten Bäche und Flüsse Baumaterial in Hülle und Fülle. Jede Köcherfliegenart bevorzugt andere Bausteine und eine andere Methode, diese anzuordnen. Sie alle verwenden jedoch als Kitt die von ihnen selbst erzeugte Seide, die jener ähnelt, mit der die Seidenraupe ihren Kokon für die Metamorphose spinnt.

ANGRI

## DER URSPRUNG DES LEBENS

Für sehr viele Tiere ist die erste Lebenszeit besonders gefährlich. Die Eier oder winzig kleinen Larven sind ein wahrer Leckerbissen für andere Tiere. Zudem besitzen die Larven keinerlei Abwehrmechanismen. Etwas anderes ist es, wenn die Eier an ruhigen und geschützen Orten abgelegt werden und wenn sie groß, das heißt sehr dotterhaltig, sind. In diesem Fall schlüpft aus dem Ei keine kleine und wehrlose Larve, sondern ein Tier, das abgesehen von der Größe bereits einem Erwachsenen gleicht.

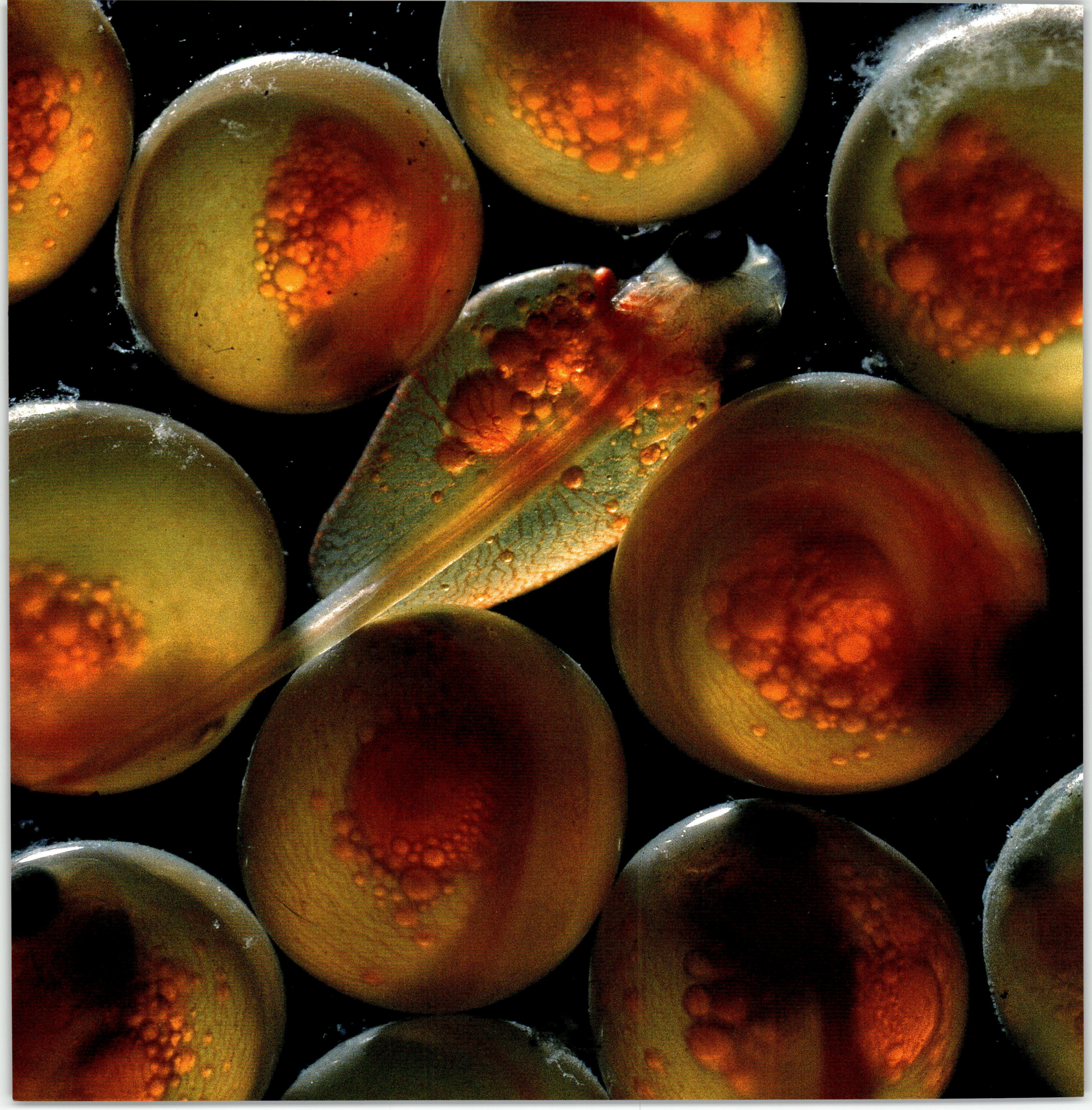

## DIE MENGE MACHT'S

Ein Raubtier, das auf einen Schwarm Fische trifft, die gemeinsam dicht an dicht unterwegs sind, so als ob sie einem unsichtbaren Anführer folgten, kann schon so manch kleines Blutbad anrichten. Aber auch wenn der Räuber einen Bärenhunger hat und seine Beute an Größe bei Weitem übertrifft, erwischt er nur einen Bruchteil des riesigen Schwarms. Tja, die Menge macht's eben…

## FAMILIENBANDE

Für einen Fisch, der eine Million Eier ablegt, mag es unerheblich sein, ob auch wirklich alle Nachkommen überleben. Er kann schon zufrieden sein, wenn es zumindest zwei oder drei von ihnen schaffen, bis zur Fortpflanzungszeit heranzuwachsen. So ist es nur natürlich, dass sich die Eltern bei einer kleineren Nachkommenschaft mehr um deren Überleben sorgen. Und dass sie, wenn sie es alleine nicht schaffen, auf die Hilfe ihrer Artgenossen zurückgreifen. So geschieht es zum Beispiel, wenn in arktischen Gebieten ein Wolfsrudel Moschusochsen anzugreifen versucht. Dann formieren sich in Windeseile dutzende Ochsen Seite an Seite und bilden zum Schutz ihrer Kleinen einen undurchdringlichen Wall aus Hörnern.

## SPRUNG IN DIE FREIHEIT

Kaum zu glauben, aber wahr: Auf der Flucht vor einem Angreifer schafft diese Antilope bis zu vier Meter hohe Sprünge. Ein Verhalten, das verwundert, wird das Tier doch so für seine Jäger noch besser sichtbar, sogar hier, wo die Gräser der Savanne ohnehin höher als normal sind und das Tier ohne seine Sprünge weniger Aufmerksamkeit erregen würde. Vielleicht sollen sie dem Angreifer aber auch gerade signalisieren: «Ich weiß, dass du hinter mir her bist, aber es ist mir egal, denn ich kann schnell laufen! Vielleicht überlegst du es dir also noch, ob du mich wirklich herausfordern willst!»

ANGRI

## VIEL LÄRM UM NICHTS

Um sich unliebsame Begegnungen vom Leibe zu halten, reicht es manchmal, sein Maul weit aufzureißen. Sicher, es heißt: «Bellende Hunde beißen nicht!» Aber ein wenig Respekt verschafft man sich allemal, wenn man vorgibt, stärker und gefährlicher zu sein, als man es in Wahrheit ist. Diese einfache, uralte Taktik kennt auch die Kragenechse, eine australische Eidechse mit einer Länge von nicht einmal einem Meter. Wenn sich ein ungebetener Gast nähert, richtet sie ihren Kragen auf, so dass sie wie ein kleiner, furchterregender Drache wirkt.

## WER WIRD GEWINNEN?

Fälschlicherweise wird oft behauptet, dass dem Indischen Mungo der Biss einer Giftschlange nichts anhaben kann. Würde die Schlange tatsächlich zubeißen, würde den Mungo allerdings dasselbe schlimme Ende ereilen wie jeden Menschen oder Hund. Aber der Mungo ist ein sehr flinkes Tier und schnappt die Schlange blitzschnell genau hinterm Kopf, so dass sie nicht zubeißen kann. Normalerweise geht der Mungo als Sieger aus diesem dramatischen Kampf hervor, und als ob er den Sieg besonders auskosten wolle, bleibt er so lange am Schauplatz des Geschehens, bis er seinen Angreifer ganz verschlungen hat.

ANGRI

## ESKALATION

Seit mittlerweile zweihundert Millionen Jahren halten Muscheln dank ihrer Schale den Angriffen von Krabben stand. Die Schale war in der Vergangenheit weit weniger robust, als auch die Angreifer im Vergleich zu ihren Nachfahren noch mit schwächeren Waffen kämpften. Im Laufe der Zeit haben die Muscheln ihre Abwehr schrittweise verstärkt, aber auch die Krabben waren nicht untätig und haben stärkere und festere Scheren entwickelt. Trotzdem nützen selbst die wenig, wenn die Schale, abgesehen von ihrer Dicke und Robustheit, aalglatt ist und keinen Zugriff erlaubt. So kann sich die Kaurischnecke beim Herannahen eines Angreifers flink durch eine enge Spalte in ihr Gehäuse verziehen, in das zwar ihr weicher Körper mühelos hineinpasst, nicht aber die steifen Scheren eines Krebses.

## STACHELIGE ANGELEGENHEIT

Es ist schon eine tolle Verteidigung, die der Seeigel dank seines stacheligen Kleides besitzt: ein lebensnotwendiger Schutz für ein fast unbewegliches Tier, das weder flüchten noch sich verstecken kann. Aber im Fall dieses tropischen Igels ist die Abwehr aufgrund der langen, sehr leicht abbrechenden Stacheln noch zusätzlich erhöht. Diese können sich ganz leicht in die Haut eines Angreifers bohren und durch ihre giftigen Substanzen schmerzhafte Entzündungen verursachen.

## HARTE SCHALE, WEICHER KERN

Ein robuster Panzer, der vor allem den Rücken und andere exponierte Teile schützt, ist wahrscheinlich die einfachste Abwehr, die sich ein Tier zulegen kann. Aber auch das hat seinen Preis: kein Laufen, kein Leben als Raubtier – Bewegungsfreiheit adieu! Für das Neunbinden-Gürteltier bedeutet das konkret ein Leben in der Nacht und unter der Erde, wo es sich mit seinen kräftigen Krallen mühelos einen Bau graben kann. Seine Vorliebe für Insekten verdankt es möglicherweise seiner engen Verwandtschaft mit dem Ameisenbär.

# EXTREME ÜBERLEBEN

WENN WIR UNS FRAGEN, OB ES IM UNIVERSUM NOCH ANDERE LEBENSFORMEN GIBT, WIRD UNS SOGLEICH BEWUSST, WIE SEHR DAS LEBEN, SO WIE WIR ES KENNEN, EIGENS DARAUF ABGESTIMMT ZU SEIN SCHEINT, SICH UNTER UMWELTBEDINGUNGEN ZU ENTWICKELN, DIE DEN HEUTE AUF UNSEREM PLANETEN HERRSCHENDEN ENTSPRECHEN.

SO VIEL STEHT FEST: IN MEHR ALS DREI MILLIARDEN JAHREN EVOLUTIONSGESCHICHTE WURDE JEDE LEBENSFORM, DIE SICH WENIGER EFFIZIENT ODER STABIL ALS EINE ANDERE ERWIESEN HAT, VERDRÄNGT UND IN FOLGE GAR VOLLKOMMEN AUSGELÖSCHT. WIR KÖNNEN UNS ABER AUCH KEINE LEBENSFORMEN VORSTELLEN, DIE UNTER BEDINGUNGEN ÜBERLEBEN KÖNNEN, WIE SIE HEUTE ZUM BEISPIEL AUF DEM MOND ODER DEN ANDEREN PLANETEN UNSERES SONNENSYSTEMS HERRSCHEN.

## IN DER TIEFE

Viele Meereswürmer verbringen ihr ganzes Leben in einer Röhre, aus der sie nur ein paar Fortsätze herausstrecken. Auf der Unterseite befindet sich die Mundöffnung, mit der der Wurm das Plankton aufnimmt, das er mit seiner bunten Krone heranstrudelt. Aber nicht immer ist auf diese Nahrungsquelle Verlass. Am tiefen Meeresgrund gibt es Regionen, wo nur sehr heißes und sauerstoffarmes Wasser aus den darunterliegenden Gesteinsschichten nach oben dringt – eine tödliche Umgebung für jedes Tier, doch ein idealer Nährboden für bestimmte Bakterien. Einige Würmer haben sich dieser Umgebung angepasst. Sie verzichten auf Mundöffnung und Verdauungsorgan, so dass in ihrem Körper genug Platz für ganze Bakterienkolonien ist. Die gedeihen hier prächtig, und die Würmer ernähren sich von dem, was die Bakterien in ihrem Innern produzieren.

# Extreme

Dies hängt vor allem von der Beschaffenheit der Moleküle ab, aus denen die lebende Materie besteht. Sämtliche Proteine denaturieren, das heißt sie verlieren ihre Beschaffenheit, wenn sie auch nur um wenige Zehntel Grad über der Körpertemperatur erhitzt werden. Ein ähnlicher Temperaturanstieg kann auch die Bindungen zwischen den beiden Strängen zerstören, die die Moleküle der DNA bilden.

Angesichts des hohen Wasseranteils, den jedes Lebewesen aufweist (mehr als zwei Drittel des Gesamtgewichts beim Menschen und bis zu 98 Prozent bei den Quallen), kann man sich unschwer vorstellen, was mit einem Organismus passieren würde, wenn er Temperaturen ein wenig unter Null oder über hundert Grad Celsius ausgesetzt wäre. Eine Zelle besteht zwar nicht aus destilliertem Wasser, doch gefriert sie bei etwas niedrigeren Temperaturen als Null Grad. Dies führt zur Bildung von Eiskristallen im Inneren der Zelle und damit zu irreversiblen Schäden. Auch bei Temperaturen im Siedebereich von Wasser wäre die Situation ähnlich, doch die überwältigende Mehrheit der Organismen stirbt bereits bei Temperaturen, die noch deutlich darunter liegen.

Innerhalb des Temperaturbereichs, den eine Zelle ertragen kann, gibt es auch optimale Temperaturen, unter denen die Lebensfunktionen unter erhöhter Geschwindigkeit ablaufen. Dies ist der hervorragenden Effizienz der Enzyme, empfindlicher Proteinmoleküle, zu verdanken, deren Leistungen von besonderer Wichtigkeit für den Gesamthaushalt des Organismus sind.

Säugetiere und Vögel haben eine interessante Methode gegen zu hohe bzw. zu niedrige oder zu wechselhafte Temperaturen gefunden: Sie haben ein effizientes Wärmeregulierungssystem entwickelt, das es ihnen erlaubt, die Körpertemperatur – mit meist sehr geringen Schwankungen – annähernd im Bereich des Optimalwerts für ein gutes Funktionieren der Enzyme zu halten. In dieser Hinsicht schaffen sich diese Tiere ihr inneres Milieu nach Maß und sind somit von schwankenden Außenbedingungen unabhängig.

Natürlich erfordert dieses Wärmeregulierungssystem, das der Mensch mit anderen Säugetieren und den Vögeln teilt, einen gewissen Energieaufwand, vor allem wenn die Außentemperatur weitaus niedriger als die des Körpers ist. Und natürlich kann es beschädigt werden. Es handelt sich jedoch um eine geniale Erfindung, die einen eindeutigen Vorteil gegenüber anderen Tieren darstellt, deren Aktivität viel stärker von der Außentemperatur abhängig ist.

Man denke nur an einen Vogel, der eine Eidechse fangen möchte. An einem schönen Sommertag, an dem die Sonne die Steine aufheizt, ist es ein Kampf unter Ebenbürtigen: Die Eidechse huscht ebenso flink in ihren Unterschlupf, wie der Vogel herabstürzt, um die Beute zu ergreifen. Bei niedrigeren Temperaturen (zum Beispiel am frühen Morgen oder an einem bedeckten Tag) sind die Bewegungen des Raubvogels – eines Warmblüters – ebenso flink wie an einem sonnigen Tag. Die Eidechse, ein Kaltblüter, ist jedoch langsamer und nun für den Vogel eine leichte Beute.

Säugetiere und Vögel können also auch aktiv bleiben, wenn die Temperaturen sinken, vorausgesetzt sie finden genügend Nahrung, um die nötige Körperwärme zu produzieren. Es ist eher die Nahrungsknappheit in den Wäldern oder auf den verschneiten Weiden, die die Eichhörnchen und Murmeltiere in ihren Winterschlaf sinken lässt und bewirkt, dass Rehe in tiefere Regionen hinabsteigen und viele Vögel zu ihrer Wanderung aufbrechen. Andere Arten bleiben den ganzen Winter hindurch auf den Bergen aktiv und machen sich ungeachtet der Schneelage und der bitterkalten Temperaturen auf die Suche nach Nahrung. Einige dieser Tiere wie der Hermelin oder der Schneehase haben sich zusätzlich ein spezielles Winterkleid zugelegt, um sich den Blicken der Raubtiere besser entziehen zu können.

Wenn noch härtere und nicht selten extreme Bedingungen herrschen wie etwa im Polareis, müssen sich schließlich alle Kaltblüter geschlagen geben. Dies ist das Reich der Polarfüchse, Eisbären und Pinguine. Eine Umgebung, in der Feinde zwar rar, Ressourcen allerdings noch rarer sind. Hier gibt es keine Pflanzen und kaum Landtiere. Die gesamte Gemeinschaft, wenn auch nicht sehr artenreich, könnte ohne Ressourcen von außen, das heißt jenen aus dem Meer, nicht bestehen. Hier im Wasser finden die Pinguine ihre Beute – Fische und Kalmare –, während der Eisbär vor einem Loch im Eis darauf wartet, dass eine Robbe aus dem Wasser hervorlugt.

Von externen Nahrungsquellen sind im Übrigen auch die wenigen Bewohner anderer extremer Lebensräume abhängig. Fledermäuse flüchten zum Beispiel in Höhlen, nachdem sie auf nächtlichen Streifzügen einen guten Fang gemacht haben. Von ihren Exkrementen oder mitunter von einer toten Fledermaus ernähren sich wiederum die kleinen wirbellosen Tiere, die am Boden der Höhlen leben.

Widrige Bedingungen herrschen auch in den Tiefen des Meeres, wo kein einziger Sonnenstrahl hindringt, der die Photosynthese von Algen begünstigen könnte. Deshalb kommt die spärliche organische Materie notwendigerweise von oben. Zum Teil durch die vertikalen Wanderungen von Fischen und anderen Tieren, die sich in den obersten Wasserschichten ernährt haben, vor allem jedoch durch Reste von Organismen, die auf den Meeresgrund sinken und von der Meeresfauna aufgenommen werden.

Mangel an Licht und Nahrung haben also die Höhlen mit den Tiefen des Meeres gemeinsam. Beides sind unwirtliche Lebensräume, in denen das Überleben unwahrscheinlich, aber nicht unmöglich ist. Höhlenlebewesen können meist nur schlecht oder gar nicht sehen. So ist zum Beispiel der Grottenolm vollkommen blind. Ebenso die Garnelen, die die unterirdischen Gewässer bewohnen, oder seltene Fische, die sich an diese extremen Bedingungen angepasst haben. Blind sind auch kleine wirbellose Landtiere wie Käfer, Hundertfüßer oder Tausendfüßer. Sie haben zwar keine Augen und muten äußerst verletzlich an, dafür besitzen sie aber lange Beine und vor allem sehr lange Fühler, mit denen sie Form und Distanz der Objekte in ihrer Umgebung abschätzen können.

Ähnlich wie an den Nahrungsmangel haben sich die Höhlentiere auch dadurch an ihre Umgebung angepasst, dass die Entwicklungsstufen vom Ei bis zum erwachsenen Tier mitunter stark verkürzt sind. Beim Olm findet beispielsweise keine Metamorphose statt: Im Gegensatz zu den Molchen in den Oberflächengewässern, die ihre erste Lebensphase als mit Kiemen ausgestattete Kaulquappen im Wasser verbringen, sich dann jedoch in Landtiere mit Lungen verwandeln, behält der Olm auch als Erwachsener Kiemen und lebt vorzugsweise im Wasser.

Diese Höhlentiere können einzig und allein dank ihrer besonderen Anpassungen an die Umgebung überleben, die es ihnen erlauben, den

# Extreme

widrigen Bedingungen zu trotzen. Bleibt zu fragen, was ihre Vorfahren, die auf der Erdoberfläche lebten, dazu gebracht hat, unterirdische Räume zu besiedeln. Für einige war wahrscheinlich die drastische Abkühlung ausschlaggebend, die während der letzten Million Jahre der Erdgeschichte dazu geführt hat, dass sich die Eisschichten mehrmals bis zu jenen Breitengraden ausgedehnt haben, die wir als gemäßigt bezeichnen. Angesichts der dort herrschenden Kälte und des Mangels an verfügbaren Ressourcen waren die unterirdischen Höhlen für die kleinen Landtiere möglicherweise ein Zufluchtsort.

Hier könnten also die Ursprünge einiger Höhlentiere liegen. Ihr Überleben dürfte sodann durch zwei Umstände begünstigt worden sein: auf der einen Seite durch die Beständigkeit von Temperatur und Feuchtigkeit in der unterirdischen Umgebung, auf der anderen Seite durch die geringe oder fehlende Bedrohung durch andere Arten. So gesehen haben auch unwirtliche Lebensräume positive Aspekte.

Dies trifft auf die dunklen Tiefen des Ozeans ebenso zu. Hier sind die Lebensbedingungen auf den ersten Blick alles andere als angenehm, vor allem für Arten ohne entsprechende Anpassungen, doch immerhin bleiben sie über die Zeit hinweg konstant. So besteht etwa für die Tiere der Tiefsee kaum das Risiko, plötzlich mit neuen Situationen konfrontiert zu werden, auf die sie sich einstellen müssten.

Eine Schwierigkeit besteht jedoch in der Partnersuche. In den dunklen Tiefen der Gewässer erfolgt die Suche trotz allem nicht blindlings. Auch wenn kein einziger Sonnenstrahl bis hierher vordringt, erhellt doch eine schwache Lichtquelle das Dunkel der Tiefen. Dieses Licht kommt von den Tieren selbst: von Garnelen, Kraken und vor allem von Fischen. Diese Fische sind seitlich mit ganzen Serien von Lichtpunkten ausgestattet oder mit einem Leuchtorgan an einem angelartigen Fortsatz über dem Maul. Darüber hinaus besitzen sie riesige Augen, die auch auf große Distanz Lichtpunkte wahrnehmen können.

Hat man unter diesen ungünstigen Bedingungen erst einmal einen Partner gefunden, wäre es ein Drama, sich sogleich wieder aus den Augen zu verlieren: So eine Chance könnte sich nie wieder bieten. Deshalb wäre es ideal, wenn man für immer zusammen bleiben könnte. Und genau das passiert bei einigen Fischen, die mit dem Seeteufel verwandt sind: Sobald sich Männchen und Weibchen gefunden haben, hängt sich das viel kleinere Männchen an den Körper des Weibchens. Dann verbindet sich ihr Gewebe miteinander, und das Männchen wird praktisch ein Anhängsel des weiblichen Körpers. Dass sich die Gewebe der Fische ohne irgendeine Abstoßungsreaktion wie etwa bei Organtransplantationen miteinander verbinden, ist verblüffend.

In den vergangenen dreißig Jahren hat die Forschung in den Tiefen der Meere eine bis dahin unbekannte Welt von Organismen entdeckt, in der extremste Bedingungen herrschen. Verantwortlich dafür ist das heiße, schwefelhaltige Wasser, das aus den Felsspalten tief am Meeresgrund strömt und kein Vorhandensein von Sauerstoff erlaubt. Man würde erwarten, dass hier jene Bakterien vorherrschen, die ihre Energie aus chemischen Reaktionen in Verbindung mit Schwefelverbindungen beziehen. Und tatsächlich sind diese hier im Überfluss vorhanden, doch hat man darüber hinaus eine vielfältige Population von Weichtieren und Röhrenwürmern entdeckt. Für all diese Lebewesen stellen genau diese Bakterien die einzige Nahrungsquelle dar, da sie die einzige organische Mate-

# Extreme

rie in dieser so außergewöhnlichen Umgebung sind. Die Bakterien werden aber nicht aufgelesen, verzehrt und verdaut, sondern von den Würmern und Weichtieren direkt in den Körper aufgenommen: Somit entsteht eine Symbiose, aus der die Bakterien zwar nur einen bescheidenen Nutzen ziehen, die für den Partner jedoch die einzige Überlebensmöglichkeit am Meresgrund darstellt.

Ein unwirtlicher Lebensraum ist also durch totale Finsternis, ungünstige Temperaturverhältnisse, das Fehlen von Sauerstoff oder den extremen Mangel an Nahrung gekennzeichnet. Doch wahrscheinlich wird das Überleben von Tieren und Pflanzen viel öfter von einem Mangel an Wasser auf die Probe gestellt.

Wasser kann im Übrigen für einen Organismus auch dann nicht verfügbar sein, wenn es allem Anschein nach zur Genüge vorhanden ist. Dies ist recht häufig in seichten Becken zu beobachten, wo das Wasser aufgrund der Verdunstung allzu salzig wird. Unter solchen Bedingungen trocknen die Zellen für gewöhnlich aus und können das Wasser nur mit Hilfe besonderer Kunstgriffe speichern bzw. ersetzen, worauf sich nur wenige Arten verstehen.

An anderen Orten wiederum kann das Wasser vollkommen fehlen. Schon in einem Sumpf, der zu einer bestimmten Jahreszeit in regelmäßigen Abständen austrocknet, ist das Leben schwer genug. Amphibien wie die Kröte kommen besser mit einer solchen Situation zurecht. Für sie reicht es, wenn eine Wasserpfütze gerade einmal so lange existiert, bis sich die Eier und Kaulquappen entwickelt haben. Ihre restliche Lebenszeit verbringen sie dann im Trockenen. Für einen Fisch hingegen kann die Lage ausweglos werden, wenn er nicht zusätzlich zu den Kiemen über Lungen verfügt, die es etwa dem Afrikanischen Lungenfisch erlauben, in der Trockenzeit in einem Klumpen aus Schlamm und Schleim zu überleben.

Schließlich gibt es noch die Wüsten, die unendlichen Weiten aus Stein oder Sand, in denen niemals Regen fällt. In diesen extremen Lebensräumen bedienen sich Raubtiere, Schlangen oder Skorpione eines starken Gifts, um ihre Beute an der Flucht zu hindern. Hier ist jeder Überlebenstrick von unschätzbarem Wert, der es erlaubt, mit Wasser hauszuhalten und von dem bisschen Wasser zu leben, das sich im Fleisch der Beute befindet.

## DIE SPITZE DES EISBERGS

Bei den Pinguinen der Antarktis stehen sportliche Spitzenleistungen auf der Tagesordnung. So brütet der männliche Königspinguin sein einziges Ei aus, indem er während des eisigen Winters in der Antarktis monatelang regungslos und ohne Nahrung aufrecht steht. Und als ob dies nicht schon genug wäre, zeichnen sich die Pinguine auch durch besondere Tauchfähigkeiten aus. Sie können bis zu 15 Minuten den Atem anhalten, genügend Zeit – um auf der Suche nach Nahrung in Tiefen bis zu 200 Meter zu tauchen.

## WER RASTET, DER ROSTET

Für kleine Vögel kann das Leben oft ganz schön anstrengend sein, vor allem für die ganz kleinen wie die Kolibris. Ununterbrochen müssen sie mit ihren Flügeln schlagen, um vor einer Blüte schweben zu können, die unter ihrem, wenn auch geringen Gewicht, einknicken würde. Mit Hilfe ihres langen Schnabels und der langen, gespaltenen Zunge gelingt es ihnen, ein wenig Nektar zu sammeln oder ein Insekt, das sich an der Blume labt, zu erwischen. Auch die Herzfrequenz der Kolibris ist enorm – über 1200 Schläge pro Minute. Kaum verwunderlich, dass sich ihr Körper am Abend abkühlen und bis zum nächsten Morgen ausruhen muss.

## AUF ZU NEUEN UFERN…

Überleben bedeutet für manche Tiere, ihre Zelte von Zeit zu Zeit abzubrechen und in die Ferne zu ziehen. Aber jedes Tier, das seine Heimat beim Herannahen einer widrigen Jahreszeit verlässt, wählt sein neues Ziel nicht zufällig. In der 1000 Jahre alten Geschichte ihrer Art haben die Zugvögel verschiedenste Routen ausprobiert, so dass sie nun nur mehr ihrem Instinkt folgen müssen. Dieser sagt ihnen genau, wann und in welche Richtung sie fortziehen müssen. Sonne, Sterne und das Magnetfeld der Erde dienen ihnen dabei als Orientierungshilfe, ob sie Kurs halten oder davon abweichen. Ihr Instinkt bedeutet ihnen auch, wann und wo sie sich niederlassen sollen – und schließlich, wann beim Heranrücken einer neuen Jahreszeit der richtige Zeitpunkt ist, die Rückreise anzutreten.

## FREUNDE IN DER NOT

Ungewöhnliche Allianzen verbinden mitunter die Schicksale zweier Tiere, die unterschiedlicher nicht sein könnten. Seite an Seite leben sie miteinander, obwohl das eine das andere mühelos töten könnte. Ein Beispiel für eine solch friedliche Koexistenz findet sich in den Savannen Afrikas. Hier verbringt der Gelbschnabel-Madenhacker, ein Verwandter der Stare, sein ganzes Leben auf dem Rücken so mächtiger Tiere wie Büffeln oder Nashörnern und sucht dabei mit Vorliebe nach Parasiten im Fell der Tiere. Ein anderer afrikanischer Vogel, der Krokodilwächter, wagt es sogar, im Schlund der großen Nilreptilien auf Nahrungssuche zu gehen.

EXTRE

## HÖHENFLUG

Zwei wahre Meisterleistungen vollbringt der Kondor. Zum einen ist er imstande, einen Flugapparat in der Luft zu halten, der eine 15 Mal so große Flügelspannweite wie eine Meise aufweist und dessen Gewicht tausendmal größer ist. Zum anderen spielt sich all dies in schwindelerregenden Höhen ab, wo allein schon das Atmen als unmögliches Unterfangen gilt. Doch der Kondor belehrt uns eines Besseren.

## SPUREN IM SAND

Es ist wahrlich kein Kinderspiel, über Sand zu wandern, ohne dabei einzusinken. Deshalb verfügt die mittlerweile sehr seltene Mendesantilope über breite Hufe, auf denen sich ihr Gewicht besser verteilt. Das ist auch der Grund, warum der Sandskink, eine kräftige Echse mit kurzen Beinen, lieber in den Sand eintaucht und dort sprichwörtlich wie ein Fisch im Wasser schwimmt. Noch leichter bewegt sich die giftige Hornviper: Schon so manches Herz hat beim Anblick ihrer Zick-Zack-Spuren im Sand schneller geschlagen…

## UND WENN ES ZU HEISS WIRD...

Die Kälte lässt sich ertragen, indem man die körperliche Aktivität auf ein Mindestmaß reduziert oder indem man im Inneren Wärme erezugt. Wie wehrt man sich aber gegen die Gluthitze in der Wüste? Oft genügt es nicht, die Sonne zu meiden und erst abends aktiv zu werden. Auch im Ruhezustand und im Schutz des Schattens kann die Körpertemperatur zu rasch zu stark steigen. Somit gibt es nur eine Möglichkeit: Wärme abgeben. Dieses Prinzip machen sich wahrscheinlich der Kapfuchs und der Fennek, der kleine Wüstenfuchs, mit ihren großen Ohrmuscheln zunutze.

EXTRE

## LEBEN ZWISCHEN STACHELN

Wo soll man nisten, wenn auf dem Boden Übergriffe durch Schlangen drohen und wenn es keine Bäume gibt, die einen Unterschlupf bieten könnten? Dann bleibt einem Vogel in den trockenen Gebieten, in denen die Pflanzen rar, stachelig und sukkulent sind, nur eine Alternative: das Zusammenleben mit einer Schlange in einem unterirdischen Bau zu riskieren oder es sich zwischen den Stacheln eines rieisgen Säulenkaktus bequem zu machen.

## ZWEI BLÄTTER IN HUNDERT JAHREN

Angesichts der oft extremen Wasserknappheit haben viele Pflanzen der Wüste auf Blätter verzichtet und diese häufig durch Dornen ersetzt. Die Chlorophyllphotosyntese übernimmt stattdessen der Stamm – vorausgesetzt, dass die Pflanze einen Stamm besitzt, der gerade wie eine Säule ist und keine Äste hat. Dies ist jedoch nicht der Fall bei der Welwitschie, einer außergewöhnlichen Bewohnerin der Wüsten des südwestlichen Afrikas. Ihr Stamm erhebt sich gerade einmal ein paar Zentimeter über dem trockenen Boden. Die Pflanze besitzt zwar nur ein einziges Blattpaar, dafür ist sie aber extrem langlebig. Die Blätter wachsen langsam, aber ständig und sterben am Blattende ab. In einem unwirtlichen Lebensraum wie der Wüste wäre es purer Luxus, alte Blätter abzuwerfen und ganz neue zu bilden.

## SCHWERGEWICHT

Für jede Tierart – Säugetier, Vogel, Fisch und Schmetterling – gibt es Grenzen, was ihre Größe anbelangt. Über diese Mindest- und Maximalgrößen kommt kein Tier hinaus. Unter den Landsäugetieren liegt dieser Bereich zwischen den winzigen Spitzmäusen, die mit Schwanz gerade einmal fünf Zentimeter messen, und dem Afrikanischen Elefantenmännchen, das eine Höhe von bis zu vier Metern und ein Gewicht von bis zu fünf Tonnen erreicht. Mehr könnten vier Beine kaum tragen. Ganz anders ist die Lage allerdings im Wasser, wo der statische Auftrieb auch Schwergewichte wie den Blauwal über Wasser hält: 33 Meter Länge, 190 Tonnen Gewicht. Mehr geht wohl nicht.

## ICH KANN NICHTS MEHR SEHEN

Es ist nicht nur der völlige Lichtmangel, der fehlende Wechsel von Tag und Nacht, der das Leben in Grotten äußerst schwierig macht. Wohl noch gravierender ist das spärliche Nahrungsangebot, vor allem ganz im Inneren der Grotten. Hierher kommen nicht einmal die Fledermäuse, von deren Exkrementen oder Kadavern man sich ernähren könnte. Die strengen Lebensbedingungen erfordern also äußerste Sparsamkeit. Deshalb fehlen den Höhlenbewohnern oft Augen, die in der ständigen Finsternis ohnehin keinen Nutzen haben.

## MIR GEHT EIN LICHT AUF

Ähnlich wie in den Grotten sind auch in den Tiefen des Ozeans Licht und Nahrung Mangelware. Doch hie und da erstrahlt ein schwaches Licht, das von bestimmten Arten von Krebsen und Kraken, aber vor allem von Fischen wie dem Buckligen Anglerfisch stammt. Dieser besitzt ein Leuchtorgan an dem angelartigen Fortsatz über seinem Maul: die ideale Position, um sogleich nach den durch die Lichtquelle angelockten Fischen oder Krebsen schnappen zu können.

# VERÄNDERUNGEN ÜBERLEBEN

FÜR TIERE UND PFLANZEN IN GEMÄSSIGTEN ZONEN BIRGT JEDE JAHRESZEIT NEUE HERAUSFORDERUNGEN, NEUE SCHWIERIGKEITEN, DOCH AUCH NEUE CHANCEN. WENN ZUM BEISPIEL IM HERBST DIE BLÄTTER FALLEN, REIFEN AN VIELEN STRÄUCHERN UND PFLANZEN DES UNTERHOLZES BEEREN, DIE EINE KÖSTLICHE NAHRUNG FÜR ZAHLREICHE KLEINE SÄUGETIERE UND VÖGEL BIETEN. GLEICHZEITIG GIBT DAS LICHTER WERDENDE BLATTWERK HUNGRIGEN RAUBTIEREN DEN BLICK AUF DIE BEUTE FREI. DANN FOLGT DER WINTER UND MIT IHM FUTTERKNAPPHEIT UND STETIG SINKENDE TEMPERATUREN. DER FRÜHLING BIETET WIEDER GÜNSTIGERE KLIMATISCHE BEDINGUNGEN UND EINE GRÖSSERE NAHRUNGSVIELFALT. DIES GEHT ALLERDINGS HÄUFIG MIT EINEM ERBITTERTEN WETTKAMPF UM EBEN DIESE NAHRUNG SOWIE UM POTENZIELLE PARTNER ZUR FAMILIENGRÜNDUNG EINHER.

## RÜCKKEHR AUFS MEER

Hunderte von Kilometern kann eine ozeanische Insel von der nächsten Küste entfernt liegen. Eine lange Reise, auf die sich nur ein Vogel einlassen kann, der von den Ressourcen des Meeres zu leben vermag: Er muss sich von Fischen ernähren, auf Wellenkämmen ausruhen und zum Flug ansetzen, ohne dass seine Füße dazu Halt auf trockenem Boden finden. In der Brutzeit treffen sich diese Meeresvögel hingegen zu Tausenden an Land – oft ein winziges Fleckchen Erde inmitten des Ozeans, wie zum Beispiel die entlegene Insel Ascension im Atlantik. Hier bleiben sie jedoch nur, um ihre Jungen aufzuziehen. Sobald diese groß sind, kehren sie aufs Meer, ihre wahre Heimat, zurück und leben dort bis zur nächsten Paarungszeit.

# Veränderungen

Und dann kommt der Sommer. In höheren Lagen oder jenen Gebieten, die den Polen am nächsten liegen, kann er viel zu kurz sein. Doch vielleicht ist er auch etwas zu lang, trocken und heiß für jene Arten, die miterleben müssen, wie sich die Blätter der Kräuter, von denen sie sich ernähren, gelb verfärben oder wie der Boden zu heiß wird, um sich zur Tageszeit aus dem Versteck zu wagen. In diesen Breiten gibt es tatsächlich nicht viele Arten, die das ganze Jahr über aktiv sind und immer an denselben Orten verweilen. Für sehr viele Tierarten besteht eine gute Überlebenschance darin, einen längeren Zeitraum des Jahres, vorwiegend die kälteste Jahreszeit, mitunter aber auch die trockenste und wärmste, in einem Ruhezustand zu verbringen: einem Zustand, in dem sie ihr Lebenstempo verringern.

Dies ist auch die Überlebensstrategie vieler Pflanzen, die innerhalb weniger Monate, manchmal nur weniger Wochen, ihre Blätter entfalten, ihre Stängel ausstrecken, erblühen, Früchte tragen und verwelken. Sie sterben, nachdem sie ihre Samen produziert und in der Umgebung verbreitet haben. Oder sie lassen Blätter, Blüten und Stängel verblühen und bewahren unter der Erde eine Zwiebel oder Knolle, die zu Beginn des nächsten Frühlings Knospen treiben wird. Nicht viel anders ist die Strategie vieler Schmetterlingsarten. Sie verbringen den Winter entweder ungeschlüpft im Ei und warten darauf, dass die Temperatur im Frühling steigt, oder als Puppe, aus deren Hülle in der warmen Jahreszeit ein ausgewachsenes Insekt mit Flügeln zum Vorschein kommt.

Für einen Warmblüter ist es viel schwieriger, vom aktiven Leben in den Ruhezustand überzugehen, doch es gibt auch bekannte Ausnahmen: Bären und Murmeltiere, Eichhörnchen und Siebenschläfer sind Beispiele für Säugetiere, die die Funktionen ihrer Organe wie Atmung oder Herzschlag während des langen Winterschlafs auf ein überlebensnotwendiges Minimum reduzieren können.

Vögel, deren Stoffwechsel viel aktiver ist als jener der Säugetiere, kennen keinen längeren Winterschlaf. Sie können jedoch lange Strecken im Flug zurücklegen, wodurch sich ihnen eine alternative Lösung bietet: die Migration zwischen einem Gebiet in einer warmen Klimazone, wo sie überwintern, und einem Gebiet in gemäßigteren Regionen, wohin sie im Frühling zur Paarung zurückkehren.

Für uns Erdbewohner in gemäßigten Gebieten ist der Wechsel der Jahreszeiten wahrscheinlich der augenfälligste Aspekt jener zahlreichen und stetigen Veränderungen, denen jedes Tier und jede Pflanze gegenübersteht. In den Regionen nahe dem Äquator kommen diese Veränderungen häufig in Regen- und Trockenmonaten zum Ausdruck.

Selbst hier können die Auswirkungen dramatisch sein. Im Herzen des Amazonasgebiets kann eine lange Regenzeit zum Beispiel dazu führen, dass der Fluss und seine größten Nebenflüsse über die Ufer treten. In der Nähe des Flusses stehen Bäume mitunter fünf Meter unter Wasser. Welche Möglichkeiten gibt es in solchen Situationen?

Für die kleinen Lebewesen am Boden sind diese periodischen Überschwemmungen nicht weniger dramatisch als die Ankunft von Eis und Schnee in den Wäldern und auf den Wiesen unserer Berge. Wenige Tiere sind tatsächlich zu Amphibien geworden, die sowohl im Wasser als auch an Land überleben können. Allen anderen bleiben nur die üblichen Alternativen: die lange, widrige Jahreszeit im Ruhzustand zu verbringen, bis die Erde wieder zum Vorschein kommt, oder fortzuzie-

# Veränderungen

hen. In diesem Fall muss es aber nicht immer die Ferne sein. Es genügt, die Baumstämme hochzuklettern, bevor das Wasser kommt – die Spalten in den Rinden und die hochliegenden Äste bieten einen guten Unterschlupf für die Zeit, in der der Wald überschwemmt ist.

Für viele Tiere ist die Grenze zwischen Wasser und Land von enormer Bedeutung, entlang der auf jede neue Generation immer wieder dieselben Herausforderungen warten. Diese Grenze teilt die Welt, in der die Larve der Stechmücke lebt, von jener, in der das ausgewachsene Insekt seine Tage verbringt. Dieselbe Grenze trennt den Lebensmittelpunkt der jungen Libelle, des jungen Frosches oder des Molches von jenen Artgenossen, die bereits ihre Metamorphose hinter sich haben.

Es sind dramatische Veränderungen. So ist die Stechmücke extrem gefährdet, wenn sie sich entpuppt und ohne stabiles Gleichgewicht aus dem Wasser kommt. Unbekannte Raubtiere lauern dem Tier auf, das sich einer ihm ganz neuen Welt gegenübersieht. Dramatisch sind auch die tiefgreifenden Veränderungen, die notwendig sind, um sich an der Luft statt im Wasser fortbewegen zu können und um den Luftsauerstoff durch Tracheen und Lungen einzuatmen anstelle des im Wasser gelösten Sauerstoffs durch Kiemen. Dramatisch ist vor allem, dass die Veränderungen nicht in Ruhe vonstattengehen können. Beim Übertritt in die neue Umgebung muss das Tier bereits über alle notwendigen Voraussetzungen verfügen, um sich den neuen Lebensbedingungen stellen zu können. Das erinnert ein wenig an den Zugvogel, der mit dem Antritt seiner Reise nicht so lange warten kann, bis der erste Schnee fällt. Er würde aufgrund der immer geringer werdenden Nahrung so sehr abmagern, dass er schließlich nicht mehr fähig wäre, in ein wärmeres Gebiet zu ziehen.

Um Veränderungen zu überleben, genügt es nicht, einfach den Ort zu wechseln, den eigenen Lebensrhythmus zu ändern oder eine alles verändernde Metamorphose zu durchleben. Man muss die Veränderung auch vorhersehen. So begibt sich der Zugvogel bereits dann auf die Reise, wenn eigentlich noch reichlich Nahrung vorhanden ist. Er legt sich Fettreserven an, die es ihm erlauben, den langen Weg auch über die Meere und Wüsten zurückzulegen, bevor er sich wieder stärken kann. Und junge Frösche und Molche beginnen, die Atmung über die Lungen (neben der Hautatmung) zu üben, bevor sich die Kiemen zurückbilden, dank derer sie als Kaulquappen im Wasser leben können.

Auch die Säugetiere in gemäßigten und kühlen Zonen stellen sich auf den Wechsel der Jahreszeiten ein. Sie paaren sich zu einem Zeitpunkt, der die Geburt des Nachwuchses genau in jene Zeit fallen lässt, in der die Außenbedingungen besonders günstig für die Jungen sind.

Mit der Jahreszeit ändern sich nicht nur die Länge der Tage, die Lufttemperatur oder der Wasserstand. Weitaus bedeutender für den Organismus sind eigentlich die inneren Veränderungen – nicht so sehr die schnellen und reversiblen Veränderungen, die es dem Chamäleon oder der Flunder erlauben, sich an die Farbe einer neuen Umgebung anzupassen. Beim Säugetier sind es eher die hormonellen Umstellungen, die den Übertritt ins Erwachsenenalter kennzeichnen. Auch die Veränderungen, die die zahlreichen Stadien einer Raupe und ihre Verwandlung zum Schmetterling kennzeichnen, sind beachtlich. Es handelt sich hierbei um einmalige und irreversible Veränderungen. Sie treiben etwa den ausgewachsenen Flussaal von den Flüssen, wo er jahrelang gelebt hat, in Richtung Meer, wo er sich fortpflanzt. Die Reise verläuft

# Veränderungen

in die entgegengesetzte Richtung zu der langen Wanderung, zu der der Aal aufbricht, nachdem er in der Sargassosee geschlüpft ist. Von dort gelangt er an die europäischen Küsten und weiter in die ruhigen Gewässer und die üppige Vegetation der Brackwasserzonen oder bis zum niedrigen Lauf eines Flusses.

Auf seiner langen Reise sieht der Aal noch nicht wie jene lange „Schlange" aus, die unsere Gewässer bewohnt, sondern er hat einen flachen Körper, der einem Blatt ähnelt. So verwundert es kaum, dass die Wissenschaftler im 19. Jahrhundert glaubten, es handle sich um zwei verschiedene Fischarten.

Bei manchen Tieren vollziehen sich noch überraschendere Veränderungen, bei der Fliege zum Beispiel oder dem Seeigel. Überraschend nicht nur, weil sie mit einer radikalen Veränderung in Gestalt und Lebensweise einhergehen, sondern oft auch mit der Zerstörung oder Beseitigung großer Teile des Larvenkörpers.

Im Fall der Fliege werden während des unbeweglichen Puppenstadiums fast alle Strukturen der Larve zerstört: Haut, Muskeln und Verdauungsorgan. Das Nervensystem bleibt zwar erhalten, wird jedoch umstrukturiert, vor allem im Bereich des Gehirns. Es muss im Erwachsenenalter alle Informationen verarbeiten, die über die im Larvenstadium nicht vorhandenen Fühler und großen Augen empfangen werden. Der Rest des Körpers entsteht im Großen und Ganzen neu: nicht nur die Augen und Fühler, sondern auch die Beine, Flügel und Fortpflanzungsorgane. Später kommen ein neues Verdauungsorgan, neue Muskeln und sogar eine neue Haut dazu. Die alten Larvenstrukturen gehen jedoch nicht gänzlich verloren. Unbeweglich und im Inneren verborgen wie eine in Binden gewickelte Mumie kann die Puppe nicht auf äußere Quellen zugreifen, um die notwendigen Mittel für das Wachstum zu erhalten. Deshalb wird ein Teil jener Moleküle, die bei der Zerstörung des Larvengewebes anfallen, dazu verwendet, innerhalb weniger Tage einen völlig neuen Körper zu bilden.

Anders, jedoch nicht weniger spektakulär sind die Vorgänge, die die Metamorphose der Larve des Seeigels begleiten. Ihr Aussehen unterscheidet sich völlig von jenem des erwachsenen Tiers. Durchsichtig und zart, mit einem zweiseitigen symmetrischen Körper, enthält sie in ihrem Inneren den winzigen Bauplan, der ihr im Erwachsenenalter die charakteristische fünfstrahlige Symmetrie verleihen wird. Die Larve schwimmt frei im Plankton und sinkt dann langsam auf den Meeresboden. Dabei werden ihre äußeren Teile zerstört und gehen verloren, während sich die winzige Schnecke, die in ihrem Inneren heranwächst, befreit und ein unabhängiges Leben beginnt.

In ihrer außergewöhnlichen Vielschichtigkeit haben all diese Veränderungen einen sehr wichtigen Aspekt gemein: ihre Unumkehrbarkeit. Eine Puppe einer Fliege kann sich nur in ein ausgewachsenes Tier verwandeln, jedoch nicht mehr zur Larve. Ebenso wenig kann ein Seeigel sein schweres Kalkskelett abwerfen und wieder mit dem Aussehen einer Larve leben.

Es gibt jedoch einige Tierarten, bei denen die Richtung der Veränderung nicht unumkehrbar zu sein scheint. Tierarten, die die Illusion ewiger Jugend schaffen. Es handelt sich hierbei um Quallen. Sie entspringen üblicherweise einer ganz anderen Lebensform, die am Meeresgrund verankert lebt, wohingegen die Qualle ihr Dasein frei im Wasser umhertreibend fristet. Diese Jugendform, die so aussieht wie die tausenden kleinen weißen Blumen, die Korallen überziehen, ist ein Polyp: ein kleines Tier mit einem Kranz aus Tentakeln um die Mundöffnung. Für gewöhnlich entstehen Quallen aus Polypen und nicht umgekehrt. Doch zu dieser Regel gibt es einige Ausnahmen. Unter bestimmten Umständen sind einige Quallenarten in der Lage, sich erneut in Polypen zu verwandeln. In einem solchen Fall ist es schwierig, zu sagen, welches Lebensstadium als Jugend zu bezeichnen ist und welches als Erwachsenenalter. Die Konzepte, die für den Menschen und andere Wirbeltiere gelten, lassen sich nicht unbedingt auf alle Tiere übertragen.

Es ist jedoch unwahrscheinlich, dass eine lebende Tierart jenen bedeutenden Umwälzungen entgeht, die von Zeit zu Zeit die ganze Erde erschüttern wie jenes gewaltsame Ereignis auf unserem Planeten, bei dem ein riesiger Asteroid vor etwa 65 Millionen Jahren zum Verschwinden der Dinosaurier und unzähliger anderer Lebensformen geführt hat.

Es war jedoch nicht das erste Mal, dass bereits auf der Erde existierendes Leben massenweise ausgelöscht wurde. Die Paläontologen sprechen von mindestens fünf solcher Ereignisse. Jenes, das zu Ende der Kreidezeit stattfand und das neben den Dinosauriern mindestens 60 Prozent aller damals existierenden Tierarten auslöschte, ist nicht das jüngste und verlief vielleicht nicht einmal ganz so dramatisch wie bisher angenommen. Damals wurden viele der bereits in den vorangegangenen geologischen Perioden existierenden Pflanzen- und Tierarten ausgelöscht. Gleichzeitig wurde der Weg für die Entstehung jener Fauna und Flora geebnet, die sich nach und nach zu unserer heutigen entwickelte. Doch die tiefgreifendste Veränderung, der die Biosphäre gegenüberstand, war das Massensterben am Ende des Paläozoikums vor 250 Millionen Jahren. Nicht einmal zehn Prozent aller Tierarten blieben verschont, die damals an Land und im Wasser lebten. Dennoch konnte das Leben auch diesmal nicht vollkommen ausgelöscht werden. Die Erde hat es geschafft, sich von den Verheerungen der letzten Eiszeit zu erholen.

Die letzte große Veränderungswelle ist schließlich unserer Zeit entsprungen, in der der Mensch die Hauptrolle spielt. In vielen Regionen der Erde sind jene Umweltveränderungen, die unsere Spezies verursacht oder zumindest begünstigt hat, mittlerweile irreversibel. Doch nicht alles, was der Mensch berührt hat, ist zur Wüste geworden. Unter seiner Hand sind auch neue Lebensräume entstanden, vielleicht unsichere, vielleicht aufgesplitterte, doch deshalb nicht notwendigerweise widrige. In den vom Menschen geschaffenen Lebensräumen gibt es nicht nur Raupen oder Heuschrecken, die Kulturpflanzen heimsuchen, sondern auch Vögel, die in den Parks und Gärten der Städte viel besser leben als an jedem anderen Ort. Die Verstädterung hat häufig die Gewohnheiten oder den Lebensrhythmus der Vögel verändert. Doch ist auch dies im Grunde genommen ein Beweis für die unerschöpfliche Kraft des Lebens, sich Veränderungen zu stellen und diese zu überleben.

# Veränderungen

## KLEIDERWECHSEL

Wäre das Chamäleon ein Mensch, so würde man sich wohl fragen, wie das Tier es schafft, angesichts dessen, wie oft und schnell es im Laufe seines Lebens sein Aussehen verändert, seine Identität zu bewahren. Im Grunde genommen tut die eigenartige Eidechse aber nichts anderes, als ihr Kleid wechseln. Eine Kleinigkeit verglichen mit den spektakulären Veränderungen, die vonstattengehen, wenn sich etwa eine Kaulquappe in einen Frosch oder eine Raupe in einen Schmetterling verwandelt. Woran in ihrem früheren Leben sie sich wohl als Erwachsene erinnern?

## ECHSE MIT VERGANGENHEIT

Sie mutet wie ein Reptil aus längst vergangenen Zeiten an – die riesige Meerechse der Galápagosinseln. An die Ufer eines entlegenen Archipels verbannt, über das wohl niemand ein Wort verlieren würde, hätte Charles Darwin auf seiner Weltreise hier nicht Zwischenstation gemacht, teilt sich die Echse mit den anderen Bewohnern der ozeanischen Inseln eine Geschichte voller Ungereimtheiten und unglaublicher Ereignisse. Ein außergewöhnliches Schicksal hat ihre Vorfahren über das Meer verschlagen, das für diese Art zunächst unüberwindbar schien. Nach ihrer Ankunft mussten sich Echsen zunächst auf die spärlich vorhandenen Ressourcen der einsamen Inseln und eine Ernährung aus Algen und Meerespflanzen einstellen. Und so warten sie einfach jeden Tag, bis die Ebbe die salzigen Leckerbissen zutage bringt.

## ABWECHSLUNGSREICHER SPEISEPLAN

Bitter, Reiz erzeugend oder gar giftig – die Blätter zahlreicher Pflanzen bedienen sich vielfältiger Abwehrmechanismen, um sich gegen mögliche Angriffe durch Pflanzenfresser, seien es Antilopen Schnecken, Kaninchen oder Schmetterlingsraupen, zur Wehr zu setzen. Doch gibt es einige Tiere, die sich auch von Blättern ernähren können, die anderen schaden würden. Dennoch, alles hat seine Grenzen. Für den Koala, den australischen Beutelbär, sind die Eukalyptusblätter nur für eine kurze Zeit des Jahres genießbar. Zum Glück gibt es hunderte verschiedener Eukalyptusarten, deren Blätter zu unterschiedlichen Jahreszeiten zum Verzehr geeignet sind. Dem Koala bleibt deshalb nichts anderes übrig, als von einer Baumart zur anderen zu wechseln, um in den Genuss einer Mahlzeit zu kommen.

## ALLES ZU SEINER ZEIT

Im Vergleich zu anderern Säugetieren kann man bei den Neugeborenen der Kängurus angesichts der Tatsache, dass sie bei der Geburt noch relativ unterentwickelt sind, wohl von einer Frühgeburt sprechen. Zu heftig wäre die Veränderung, wenn der Winzling sogleich schutzlos der Umgebung ausgesetzt wäre. Doch die Natur hat das Känguru und seine engsten Artgenossen mit einem geeigneten Brutkasten ausgestattet: Hier im Beutel kann das Tier Milch saugen, heranwachsen und sich in Ruhe auf sein zukünftiges Leben vorbereiten.

VERÄN

## ENERGIESPARMASSNAHMEN

Für einige Säugetiere in den gemäßigten Zonen bedeutet der Anbruch der kalten Jahreszeit eine Unterbrechung des aktiven Lebens. Nun ist es Zeit, sich an einen Ort zurückzuziehen, wo sich der Winter leichter überstehen und vor allem die Temperatur des Körpers drastisch reduzieren lässt. Es wäre einfach zu energieaufwändig, den Körper im Bereich der üblichen Werte zwischen 35 und 40 Grad zu halten. Jetzt gilt es, Energie zu sparen, auch wenn sich das Tier vor Beginn des Winterschlafs gewisse Fettreserven zugelegt hat. In der Antike galten die wohlgenährten Siebenschläfer kurz vor Beginn des Winterschlafs als wahrer Leckerbissen.

## ZUHAUSE IST'S DOCH AM SCHÖNSTEN

Das Leben der Fische ist mitunter von einschneidenden Veränderungen begleitet. So kommt etwa der Aal in der Sargassosee zur Welt, durchwandert den Atlantischen Ozean und das Mittelmeer und zieht schließlich unsere Flüsse aufwärts, wo er für Jahre bleibt. Als ausgewachsener Fisch begibt er sich zur Fortplanzung erneut in Richtung Meer. Genau umgekehrt und nicht weniger abenteuerlich verläuft die Reise der Lachse, auch wenn sie kürzere Strecken als der Aal zurücklegen. Bei der Rückkehr an ihren Geburtsort müsssen sie oft flussaufwärts Hindernisse wie Stromschnellen überwinden, um schließlich ihre Eier in den ruhigen Quellgewässern abzulegen.

## DAS LEBEN IST EIN ABENTEUER

Eines der spektakulärsten Ereignisse in der jahrtausendealten Geschichte des Lebens ist der Landgang vieler zuvor ausschließlich im Wasser lebender Tiere. Viele Landtiere sind wiederum ins Wasser zurückgekehrt, und dies manchmal mit großem Erfolg. Ein Beispiel hierfür sind Wale, Delphine und große Meeresschildkröten. Nicht immer hat sich diese Rückkehr ins Wasser zur Gänze vollzogen. So kehren zum Beispiel die Meeresschildkröten an Land zurück, um ihre Eier abzulegen. Nach dem Schlüpfen machen sich schließlich auch die kleinen Schildkröten auf den Weg zurück ins Meer.

ERÄN

## AUSFLUG INS GRÜNE

Die ersten Fische, die im frühen Devon einen Landgang versuchten, verfügten neben Kiemen wahrscheinlich bereits über einfache Lungen – ähnlich den noch heute existiernden sechs Lungenfischarten, die die Süßgewässer Südamerikas, Afrikas und Australiens bewohnen. Einer der frühen Lungenfische hat es geschafft, zum Vorfahren der Landwirbeltiere zu werden. Später nahmen auch andere Fische die Herausforderung an, etwa die fliegenden Fische, die ihre Flossen wie Flügel benutzen, oder die kleinen Grundeln mit den großen hervorstehenden Augen, typische Bewohner der Mangrovenwälder. Hier in dieser Welt verschwimmen die üblichen Grenzen: Fische tauchen aus dem Wasser auf, um nach Luft zu schnappen, während Bäume im salzigen Wasser ihre Wurzeln ausbreiten.

## METAMORPHOSE

Nur wenige Organe überleben unbeschadet jene einschneidenden Veränderungen, die in der scheinbaren Stille des Puppenstadiums vor sich gehen. Die Muskeln der Larve lösen sich im wahrsten Sinne des Wortes auf und werden durch neue ersetzt – einschließlich jener, die es dem Schmetterling erlauben, zu fliegen. Das Verdauungsorgan, das die Blätter verdaut, von denen sich die Raupe ernährt hat, weicht einem neuen. Dieses ist nun auf eine Ernährung mit Blütennektar eingestellt. Raupe und Schmetterling: ein Tier oder doch zwei?

## ZWISCHEN DEN WELTEN

Jede Metamorphose bedeutet an und für sich ein Überleben von Veränderungen und eine Verbindung zwischen zwei Existenzen, die einander im Hinblick auf Lebensstil, Art der Fortbewegung und Beziehungen zu anderen Lebewesen oft diametral gegenüberstehen. Doch von allen Metamorphosen ist wahrscheinlich jene am spektakulärsten, bei der sich eine Wasserlarve in ein zartes Insekt mit Flügeln verwandelt. In dieser Phase gibt es einen Moment, in dem das Tier nicht mehr über jene Mittel verfügt, die ihm das Überleben unter Wasser erlauben, und noch nicht über Flügel, die ihm die Fortbewegung in der Luft ermöglichen. Bis zur Vollendung der Metamorphose bleibt das Tier also zwischen zwei Welten gefangen, ohne einer von ihnen wirklich anzugehören.

## DIE STADT GEHÖRT UNS

Nach und nach hat die Existenz des Menschen das gesamte Erscheinungsbild der Erde verändert. Mitunter erfolgten diese Veränderungen auf abrupte Weise: Betonwüsten, Monokulturen auf riesigen Feldern, Umweltgifte im Boden, im Wasser und in der Luft. Für viele Tiere gingen die Veränderungen zu rapide und zu heftig vonstatten. Für andere wiederum haben sich neue Möglichkeiten mit neuen Nahrungsquellen und neuen Zufluchtsorten vor Feinden oder Rivalen erschlossen. Es gibt wahrscheinlich Städte, in denen das Leben für Ratten, Amseln oder Möwen einfacher und sicherer ist als für den Menschen.

# BILDUNTERSCHRIFTEN

## UND BILDNACHWEISE

– 4 –
**Portugiesische Galeere**
*Physalia physalis*
Hydrozoen Staatsquallen Physaliidae
Tropische und subtropische Meere, Mittelmeer
© NHPA/PHOTOSHOT, A.N.T. PHOTO LIBRARY

– 8 –
**Schützenfisch**
*Toxotes jaculatrix*
Echte Knochenfische Barschartige Toxotidae
Süd- und Südostasien, Philippinen, Indonesischer Archipel, Australien
© NHPA/PHOTOSHOT, STEPHEN DALTON

– 14–15 –
**Portugiesische Galeere**
*Physalia physalis*
Hydrozoen Staatsquallen Physaliidae
Tropische und subtropische Meere, Mittelmeer
© NHPA/PHOTOSHOT, IMAGE QUEST 3-D

– 16 –
**Zweigestreifte Quelljungfer**
*Cordulegaster boltonii*
Insekten Großlibellen Cordulegasteridae
Europa, Asien
© NHPA/PHOTOSHOT, LAURIE CAMPBELL

– 17 –
**Zweigestreifte Quelljungfer**
*Cordulegaster boltonii*
Insekten Großlibellen Cordulegasteridae
Europa, Asien
© NHPA/PHOTOSHOT, JORDI BAS CASAS

– 18–19 –
**Krabbenspinne**
*Misumenops sp.*
Spinnentiere Webspinnen Thomisidae
Weltweit
© NHPA/PHOTOSHOT, JAMES CARMICHAEL JR

– 20–21 –
**Bunter Fangschreckenkrebs**
*Odontodactylus scyllarus*
Krebstiere Fangschreckenkrebse Odontodactylidae
Indopazifik
© NHPA/PHOTOSHOT, PETE ATKINSON

– 22-23 –
**Orca**
*Orcinus orca*
Säugetiere Wale Delphinidae
Weltweit, am häufigsten in arktischen und antarktischen Gewässern
© NHPA/PHOTOSHOT, MARK CARWARDINE

– 24–25 –
**Europäischer Hecht**
*Esox lucius*
Knochenfische Hechtartige Esocidae
Europa, Asien, Nordamerika
© NHPA/PHOTOSHOT, LUTRA

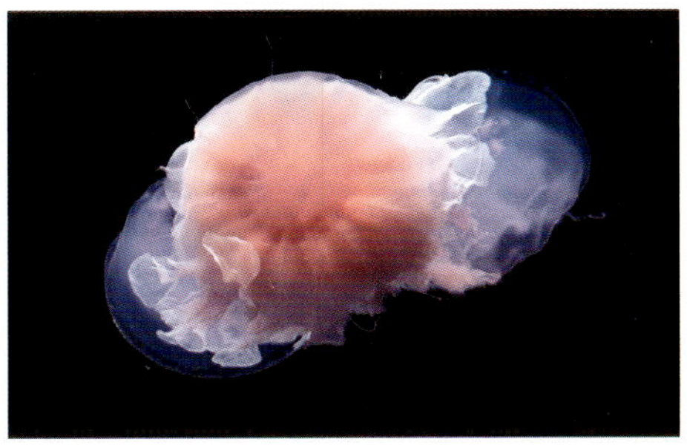

– 26–27 –
**Quallen**
*Cyanea capillata und Aurelia sp.*
Schirmquallen Fahnenquallen Cyaneidae bzw. Ulmaridae
Kalte und gemäßigte Ozeane und Meere
© NHPA/PHOTOSHOT, IMAGE QUEST 3-D

– 29 –
**Grüne Mamba**
*Dendroaspis viridis*
Reptilien Schuppenkriechtiere Elapidae
Westafrika
© NHPA/PHOTOSHOT, ANTHONY BANNISTER

– 30–31 –
**Vierflecken-Taggecko**
*Phelsuma quadriocellata*
Reptilien Schuppenkriechtiere Gekkonidae
Madagaskar
© NHPA/PHOTOSHOT, KEVIN SCHAFER

– 32–33 –
**Chamäleon**
*Chamaeleo chamaeleon*
Reptilien Schuppenkriechtiere Chamaeleonidae
Mittelmeerküsten
© NHPA/PHOTOSHOT, STEPHEN DALTON

– 34–35 –
**Tigerpython**
*Python molurus*
Reptilien Schuppenkriechtiere Boidae
Südasien
© NHPA/PHOTOSHOT, NICK GARBUTT

– 36–37 –
**Großes Mausohr**
*Myotis myotis*
Säugetiere Fledertiere Vespertilionidae
Europa
© NHPA/PHOTOSHOT, STEPHEN DALTON

– 38–39 –
**Gimpel**
*Pyrrhula pyrrhula*
Vögel Sperlingsvögel Fringillidae
Europa, Nordasien
© NHPA/PHOTOSHOT, MANFRED DANEGGER

– 40 –
**Ohrenscharbe**
*Phalacrocorax auritus*
Vögel Ruderfüßer Phalacrocoracidae
Nord- und Zentralamerika
© NHPA/PHOTOSHOT, HENRY AUSLOOS

– 42–43 –
**Riesenseeadler**
*Haliaeetus pelagicus*
Vögel Greifvögel Accipitridae
Nordeuropa, Asien
© NHPA/PHOTOSHOT, JORDI BAS CASAS

– 45 –
**Papageitaucher**
*Fratercula arctica*
Vögel Regenpfeiferartige Alcidae
Küsten Nordeuropas
© NHPA/PHOTOSHOT, BILL COSTER

– 46–47 –
**Siebenschläfer**
*Glis glis*
Säugetiere Nagetiere Gliridae
Europa
© NHPA/PHOTOSHOT, ERNIE JANES

– 48–49 –
**Giraffe**
*Giraffa camelopardalis*
Säugetiere Paarhufer Giraffidae
Afrika südlich der Sahara
© NHPA/PHOTOSHOT, ANDY ROUSE

– 50–51 –
**Gepard**
*Acinonyx jubatus*
Säugetiere Raubtiere Felidae
Afrika südlich der Sahara, Arabische Halbinsel
NICK CALOYIANIS / NATIONAL GEOGRAPHIC IMAGE COLLECTION

– 52 –
**Giraffe**
*Giraffa camelopardalis*
Säugetiere Paarhufer Giraffidae
Afrika südlich der Sahara
© NHPA/PHOTOSHOT, MARTIN HARVEY

– 58–59 –
**Blauer Pfau**
*Pavo cristatus*
Vögel Hühnervögel Phasianidae
Asien
© NHPA/PHOTOSHOT, JOHN SHAW

**– 60–61 –**
**Hirschkäfer**
*Lucanus cervus*
Insekten Käfer Lucanidae
Europa, Nordasien
© NHPA/PHOTOSHOT, DANIEL HEUCLIN

**– 62 –**
**Rotaugenlaubfrösche**
*Agalychnis callidryas*
Amphibien Froschlurche Hylidae
Südamerika
© NHPA/PHOTOSHOT, KEVIN SCHAFER

**– 64–65 –**
**Löwe**
*Panthera leo*
Säugetiere Raubtiere Felidae
Afrika südlich der Sahara
© NHPA/PHOTOSHOT, JONATHAN & ANGELA SCOTT

**– 66–67 –**
**Schimpanse**
*Pan troglodytes*
Säugetiere Primaten Hominidae
Mittel-und Westafrika
© NHPA/PHOTOSHOT, MARTIN HARVEY

**– 68–69 –**
**Grüne Meeresschildkröte**
*Chelonia mydas*
Reptilien Schildkröten Cheloniidae
Ozeane und Meere
© NHPA/PHOTOSHOT, MICHAEL PATRICK O'NEILL

**– 70–71 –**
**Säbelschnäbler**
*Recurvirostra avosetta*
Vögel Regenpfeiferartige Recurvirostridae
Europa, Asien, Afrika
© NHPA/PHOTOSHOT, ROGER TIDMAN

**– 72–73 –**
**Gottesanbeterin**
*Mantis sp.*
Insekten Fangschrecken Mantidae
Papua-Neuguinea
© NHPA/PHOTOSHOT, DANIEL HEUCLIN

**– 74 –**
**Hauhechel-Bläuling**
*Polyommatus icarus*
Insekten Schmetterlinge Lycaenidae
Europa, Asien, Nordafrika
© NHPA/PHOTOSHOT, GERRY CAMBRIDGE

**– 76–77 –**
**Gefleckter Tintenfisch**
*Thysanoteuthis rhombus*
Kopffüßer Kalmare Thysanoteuthidae
Ozeane
© NHPA/PHOTOSHOT, PETER PARKS

**– 78–79 –**
**Zwerg-Seepferdchen**
*Hippocampus bargibanti*
Strahlenflosser Stichlingsartige Syngnathidae
Pazifikküsten von Japan bis Australien; Indonesien
© NHPA/PHOTOSHOT, B JONES & M SHIMLOCK

**– 80–81 –**
**Eier des Großflossen-Riffkalmars**
*Sepioteuthis lessoniana*
Kopffüßer Kalmare Loliginidae
Ozeane und Meere
© NHPA/PHOTOSHOT, TAKETOMO SHIRATORI

**– 82–83 –**
**Kaiserpinguin**
*Aptenodytes forsteri*
Vögel Pinguine Spheniscidae
Antarktis
© NHPA/PHOTOSHOT, KEVIN SCHAFER

– 85 –
**Blaumeise**
*Parus caeruleus*
Vögel Sperlingsvögel Paridae
Europa, Nordafrika, Asien

– 86–87 –
**Nördlicher See-Elefant**
*Mirounga angustirostris*
Säugetiere Raubtiere Phocidae
Pazifikküsten Nordamerikas

– 88–89 –
**Gepard**
*Acinonyx jubatus*
Säugetiere Raubtiere Felidae
Afrika südlich der Sahara, Arabische Halbinsel

– 90–91 –
**Eisbär**
*Ursus maritimus*
Säugetiere Raubtiere Ursidae
Alaska, Sibirien, Kanada, Grönland, Svalbard

– 92–93 –
**Mississippi-Alligator**
*Alligator mississippiensis*
Reptilien Krokodile Alligatoridae
USA

– 94 –
**Madagaskar-Taggecko**
*Phelsuma madagascariensis*
Reptilien Schuppenkriechtiere Gekkonidae
Madagaskar

– 100–101 –
**Asselspinne**
*Parapallene sp.*
Gliederfüßer Asselspinnen Callipallenidae
Tropische Gewässer

– 102–103 –
**Gespenstschrecke**
*Parectatosoma mocquerysi*
Insekten Gespenstschrecken Bacillidae
Madagaskar

– 104–105 –
**Langschnauzen-Korallenwächter**
*Oxycirrhites typus*
Strahlenflosser Barschartige Cirrhitoidea
Korallenriffe

– 107 –
**Pfeiffrosch**
*Physalaemus sp.*
Amphibien Froschlurche Leptodactylidae
Mittel- und Südamerika

– 108–109 –
**Einsiedlerkrebs**
*Paguritta vittata*
Krebstiere Zehnfußkrebse Paguridae
Japanisches Meer

– 110–111 –
**Clownfisch**
*Amphiprion bicinctus*
Strahlenflosser Barschartige Pomacentridae
Südostasiatischer Raum, Ozeanien, Korallenriffe

**– 112–113 –**
**Köcherfliege**
*Phryganea sp.*
Insekten Köcherfliegen Phryganeidae
Gemäßigte Regionen der nördlichen Hemisphäre
© NHPA/PHOTOSHOT, STEPHEN DALTON

**– 114 –**
**Atlantischer Lachs**
*Salmo salar*
Knochenfische Lachsartige Salmonidae
West- und Ostatlantik, Baltisches Meer
© NHPA/PHOTOSHOT, JOHN SHAW

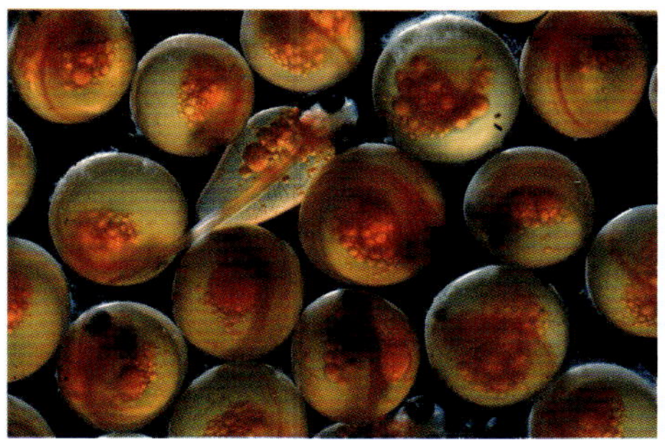

**– 115 –**
**Lachseier**
*Salmo salar*
Knochenfische Lachsartige Salmonidae
West- und Ostatlantik, Baltisches Meer
© NHPA/PHOTOSHOT, GEORGE BERNARD

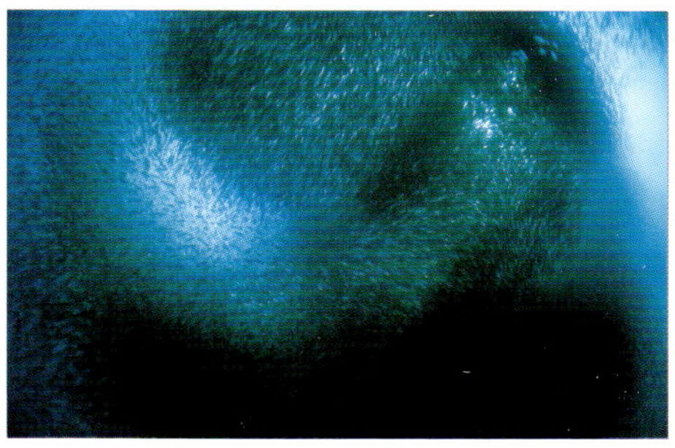

**– 116–117 –**
**Europäische Sardelle**
*Engraulis encrasicolus*
Strahlenflosser Heringsartige Engraulidae
Meeresgewässer
ROY TOFT/NATIONAL GEOGRAPHIC IMAGE COLLECTION

**– 118–119 –**
**Moschusochse**
*Ovibos moschatus*
Säugetiere Paarhufer Bovidae
Nordamerika, Russland, Norwegen
© NHPA/PHOTOSHOT, BRYAN & CHERRY ALEXANDER

**– 120–121 –**
**Springbock**
*Antidorcas marsupialis*
Säugetiere Paarhufer Bovidae
Süd- und Südwestafrika
© NHPA/PHOTOSHOT, NIGEL J DENNIS

**– 123 –**
**Kragenechse**
*Chlamydosaurus kingii*
Reptilien Schuppenkriechtiere Agamidae
Nordaustralien, Neuguinea
© NHPA/PHOTOSHOT, JAMES CARMICHAEL JR

**– 124–125 –**
**Brillenschlange**
*Naja naja*
Reptilien Schuppenkriechtiere Elapidae
**Indischer Mungo**
*Herpestes edwardsii*
Säugetiere Raubtiere Herpestidae
Indien
© NHPA/PHOTOSHOT, DANIEL HEUCLIN

**– 127 –**
**Kaurischnecke**
*Cypraea nigropunctata*
Weichtiere Schnecken Cypraeoidea
Küsten Ecuadors und Perus, Galápagosinseln
© NHPA/PHOTOSHOT, MICHAEL PATRICK O'NEILL

**– 128–129 –**
**Diademseeigel**
*Diadema sp.*
Stachelhäuter Seeigel Diadematidea
Karibik
© NHPA/PHOTOSHOT, B. JONES & M. SHIMLOCK

**– 130–131 –**
**Neunbinden-Gürteltier**
*Dasypus novemcinctus*
Säugetiere Gürteltiere Dasypodidae
USA bis Brasilien
© NHPA/PHOTOSHOT, DANIEL HEUCLIN

**– 132 –**
**Tannenbaumwurm**
*Spirobranchus sp.*
Ringelwürmer Vielborster Serpulidae
Indopazifik
© WOODFALL WILD IMAGES/PHOTOSHOT,
ROSS & DIANE ARMSTRONG

**– 138–139 –**
**Zügelpinguin**
*Pygoscelis antarctica*
Vögel Pinguine Spheniscidae
Antarktis

**– 140–141 –**
**Veilchenohrkolobri**
*Colibri coruscans*
Vögel Seglervögel Trochilidae
Amerika

**– 142–143 –**
**Kanadakranich**
*Grus canadensis*
Vögel Kranichvögel Gruidae
Nordamerika, Kanada

**– 144–145 –**
**Gelbschnabel-Madenhacker**
*Buphagus africanus*
Vögel Sperlingsvögel Sturnidae
**Afrikanischer Büffel**
*Syncerus caffer*
Säugetiere Paarhufer Bovidae
Afrika

**– 147 –**
**Andenkondor**
*Vultur gryphus*
Vögel Schreitvögel Cathartidae
Südamerika

**– 148–149 –**
**Wüsten-Hornviper**
*Cerastes cerastes*
Reptilien Schuppenkriechtiere Viperidae
Südafrika

**– 150–151 –**
**Kapfuchs**
*Vulpes chama*
Säugetiere Raubtiere Canidae
Südafrika

**– 153 –**
**Gilaspecht**
*Melanerpes uropygialis*
Vögel Spechtvögel Picidae
Nordamerika

**– 154–155 –**
**Welwitschie**
*Welwitschia mirabilis*
Gnetopsida Welwitschiales Welwitschiaceae
Südwesten Afrikas

**– 156–157 –**
**Blauwal**
*Balaenoptera musculus*
Säugetiere Wale Balaenopteridae
Alle Weltmeere

**– 158–159 –**
**Grottenolm**
*Proteus anguinus*
Amphibien Schwanzlurche Proteidae
Dinarisches Gebirge

**– 160–161 –**
**Buckliger Anglerfisch**
*Melanocetus johnsoni*
Strahlenflosser Armflosser Melanocetidae
Tropische und subtropische Gewässer

– 162 –
**Bindenfregattvogel**
*Fregata minor*
Vögel Ruderfüßer Fregatidae
Alle Ozeane
© NHPA/PHOTOSHOT, MARTIN HARVEY

– 168–169 –
**Pantherchamäleon**
*Furcifer pardalis*
Reptilien Schuppenkriechtiere Chamaeleonidae
Madagaskar
© NHPA/PHOTOSHOT, JAMES CARMICHAEL JR

– 170–171 –
**Meerechse**
*Amblyrhynchus cristatus*
Reptilien Schuppenkriechtiere Iguanidae
Galápagosinseln
© NHPA/PHOTOSHOT, NICK GARBUTT

– 172–173 –
**Koala**
*Phascolarctos cinereus*
Säugetiere Beuteltiere Phascolarctidae
Australien
© NHPA/PHOTOSHOT, DAVID HIGGS

– 174–175 –
**Rotes Riesenkänguru**
*Macropus rufus*
Säugetiere Beuteltiere Macropodidae
Australien
© NHPA/PHOTOSHOT, DAVE WATTS

– 177 –
**Siebenschläfer**
*Glis glis*
Säugetiere Nagetiere Gliridae
Europa
© NHPA/PHOTOSHOT, ERNIE JANES

– 178–179 –
**Königslachs**
*Oncorhynchus tshawytscha*
Strahlenflosser Lachsartige Salmonidae
Gewässer von Nordamerika über Alaska bis nach Kalifornien
© NHPA/PHOTOSHOT, THOMAS KITCHIN & VICTORIA HURST

– 180–181 –
**Unechte Karettschildkröte**
*Caretta caretta*
Reptilien Schildkröten Cheloniidae
Mittelmeer
© NHPA/PHOTOSHOT, ANTHONY BANNISTER

– 183 –
**Atlantischer Schlammspringer**
*Periophthalmus barbarus*
Strahlenflosser Barschartige Gobiidae
Atlantischer Ozean
© NHPA/PHOTOSHOT, STEPHEN DALTON

– 184 oben –
**Monarchfalter**
*Danaus plexippus*
Insekten Schmetterlinge Nymphalidae
Nord-, Zentral- und Südamerika, Kanada, Ozeanien, Europa
© NHPA/PHOTOSHOT, THOMAS KITCHIN & VICTORIA HURST

– 184 unten –
**Monarchfalter**
*Danaus plexippus*
Insekten Schmetterlinge Nymphalidae
Nord-, Zentral- und Südamerika, Kanada, Ozeanien, Europa
© NHPA/PHOTOSHOT, THOMAS KITCHIN & VICTORIA HURST

– 185 –
**Monarchfalter**
*Danaus plexippus*
Insekten Schmetterlinge Nymphalidae
Nord-, Zentral- und Südamerika, Kanada, Ozeanien, Europa
© NHPA/PHOTOSHOT, THOMAS KITCHIN & VICTORIA HURST

**– 186 –**
**Stechmücke**
*Anopheles sp.*
Insekten Zweiflügler Culicidae
Weltweit

**– 187 oben links –**
**Stechmücke**
*Anopheles sp.*
Insekten Zweiflügler Culicidae
Weltweit

**– 187 oben rechts –**
**Stechmücke**
*Anopheles sp.*
Insekten Zweiflügler Culicidae
Weltweit

**– 187 unten links –**
**Stechmücke**
*Anopheles sp.*
Insekten Zweiflügler Culicidae
Weltweit

**– 187 unten rechts –**
**Stechmücke**
*Anopheles sp.*
Insekten Zweiflügler Culicidae
Weltweit

**– 188–189 –**
**Dreizehenmöwe**
*Rissa tridactyla*
Vögel Regenpfeiferartige Laridae
Europa, Asien, Nordamerika, Nordafrika

# WEITERFÜHRENDE
## LITERATUR


AA.VV., *Zoologia. Evoluzione e adattamento*, Monduzzi 2007

Alcock, John, Das Verhalten der Tiere aus evolutionsbiologischer Sicht, Spektrum Akademischer Verlag 1996

Benedetti, Giusto & Tomasinelli Francesco, *Metter su famiglia*, ERGA 2006

Bonner, John Tyler, *Why Size Matters: From Bacteria to Blue Whales*, Princeton University Press 2006

Buiatti, Marcello, *La biodiversità*, Il Mulino 2007

Carwardine, Mark, *Extreme der Natur*, National Geographic Deutschland 2006

Darwin, Charles, Die *Entstehung der Arten durch natürliche Zuchtwahl*, Reclam 1986

Darwin, Charles, *Die Abstammung des Menschen*, Voltmedia 2005

Foster, Russell & Kreitzman, Leon, *Rhythms of Life*, B&T 2004

Maynard Smith, John, *The Theory of Evolution*, Cambridge University Press 1993

Minelli, Alessandro, *Forme del divenire,* Einaudi 2007

Pilastro, Andrea, *Sesso ed evoluzione*, Bompiani 2007

Ridley, Mark, *Evolution*, Oxford University Press 2004

Sarà, Michele, *L'evoluzione costruttiva*, UTET 2005

Autorisierte deutsche Ausgabe veröffentlicht von
NATIONAL GEOGRAPHIC DEUTSCHLAND
(G+J/RBA GmbH & Co KG), Hamburg 2008



Titel der italienischen Originalausgabe:
Sopravvivenza

Lektorat: *Antonio Stella, Andrea Grandese*
Lektoratsleitung: *Andrea Grandese*
Grafik: *Andrea de Porti*
Druck: *Amilcare Pizzi, Cinisello Balsamo, Mailand*

Übersetzung: *Barbara Knesl*
Produktion: *Print Company Verlagsges.m.b.H.*

Printed in Italy
ISBN 978-3-86690-059-2